トクとトクイになる！ 小学ハイレベルワーク

5年 理科 もくじ

【写真提供】気象庁，アフロ，日本パンダ保護協会/アフロ，イメージマート

特別ふろく

1 巻末ふろく しあげのテスト
2 WEBふろく 自動採点CBT

WEB CBT(Computer Based Testing)の利用方法

コンピュータを使用したテストです。パソコンで下記WEBサイトへアクセスして，アクセスコードを入力してください。スマートフォンでのご利用はできません。

アクセスコード／Erbbb232

https://b-cbt.bunri.jp

この本の特長と使い方

この本の構成

標準レベル ✦

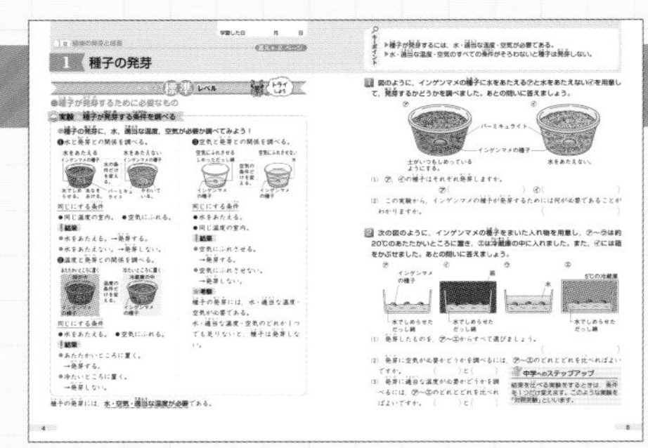

実力をつけるためのステージです。
実験・観察の方法とあわせて各テーマで学習する内容をまとめた左ページと，標準レベルの演習問題をまとめた右ページで構成しています。
「キーポイント」では，覚えておきたい大切なポイントをまとめています。

ハイレベル ✦✦

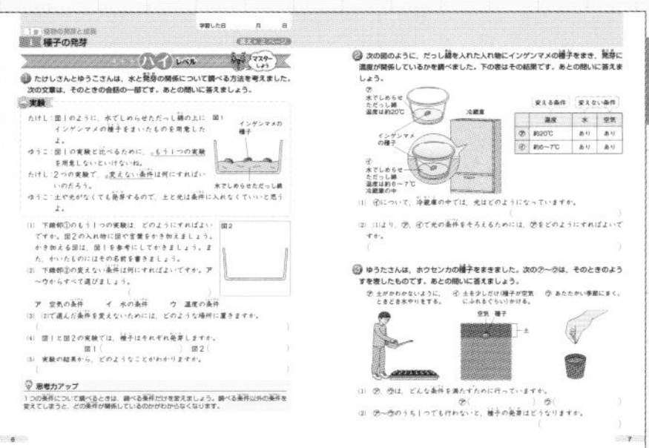

少し難度の高い問題で，応用力を養うためのステージです。
グラフなどをかく作図問題や長めの文章で答える記述問題，実験・観察器具の使い方や計算問題など，多彩でハイレベルな問題で構成しています。

チャレンジテスト ✦✦✦

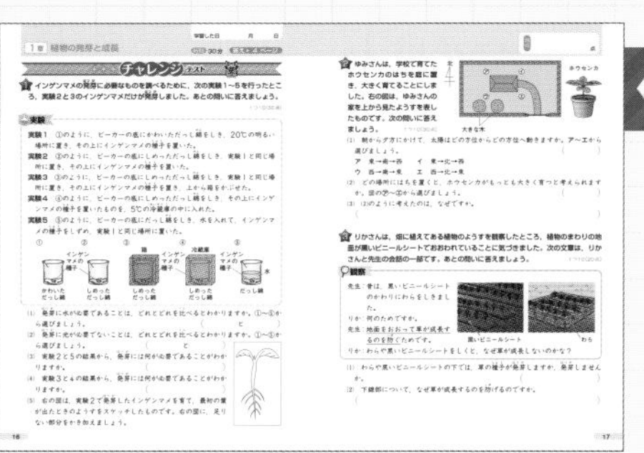

テスト形式で，章ごとの学習内容を確認するためのステージです。
時間をはかって取り組んでみましょう。
発展的な問題にも挑戦することで，実戦力を養うことができます。

思考力育成問題

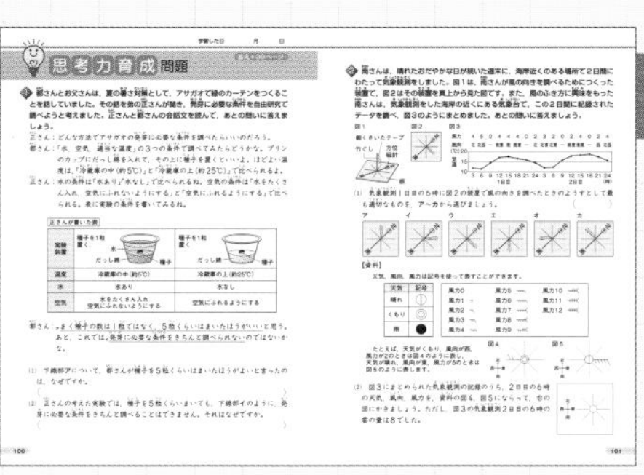

知識そのものだけで答えるのではなく，知識をどのように活用すればよいのかを考えるためのステージです。
資料を見て考えたり，判断したりする問題で構成しています。
知識の活用方法を積極的に試行錯誤することで，教科書だけでは身につかない力を養うことができます。

とりはずし式 答えと考え方

ていねいな解説で，解き方や考え方をしっかりと理解することができます。
まちがえた問題は，時間をおいてから，もう一度チャレンジしてみましょう。

『トクとトクイになる！小学ハイレベルワーク』は，教科書レベルの問題ではもの足りない，難しい問題にチャレンジしたいという方を対象としたシリーズです。段階別の構成で，無理なく力をのばすことができます。問題にじっくりと取り組むという経験によって，知識や問題を解く力だけでなく，「考える力」「判断する力」「表現する力」の基礎も身につき，今後の学習をスムーズにします。

おもなコーナー

 **中学へのステップアップ**

中学校で取り組む学習事項へのつながりを紹介したコラムです。興味・関心に応じて，学習しましょう。

 **思考力アップ**

科学的思考力アップのためのアドバイスコーナーです。課題を見つけ，解決するためのヒントを探し，自分の知識を使って課題を解決する方法を考える力を養います。

身のまわりの科学に注目し，興味・関心を引き出すコラムです。環境や資源に関わること，科学の歴史など，さまざまなことを紹介しています。

ホッとひといき

これまで学習してきた内容を，ゲーム感覚で楽しく遊んで確認することができるコーナーです。頭の体操として，チャレンジしてみましょう。

役立つふろくで，レベルアップ！

1 トクとトクイに！ しあげのテスト

この本で学習した内容が確認できる，まとめのテストです。学習内容がどれくらい身についたか，力を試してみましょう。

2 一歩先のテストに挑戦！ 自動採点 CBT

コンピュータを使用したテストを体験することができます。専用サイトにアクセスして，テスト問題を解くと，自動採点によって得意なところ（分野）と苦手なところ（分野）がわかる成績表が出ます。

「CBT」とは？

「Computer Based Testing」の略称で，コンピュータを使用した試験方式のことです。
受験，採点，結果のすべてがWEB上で行われます。
専用サイトにログイン後，もくじに記載されているアクセスコードを入力してください。

https://b-cbt.bunri.jp

※本サービスは無料ですが，別途各通信会社からの通信料がかかります。
※推奨動作環境：画角サイズ　10インチ以上　横画面
[PCのOS] Windows10以降　[タブレットのOS] iOS14以降
[ブラウザ] Google Chrome（最新版）　Edge（最新版）　safari（最新版）
※お客様の端末およびインターネット環境によりご利用いただけない場合，当社は責任を負いかねます。
※本サービスは事前の予告なく，変更になる場合があります。ご理解，ご了承いただきますよう，お願いいたします。

答え▶ 2 ページ

1 種子の発芽

標準レベル

●種子が発芽するために必要なもの

実験 種子が発芽する条件を調べる

●種子の発芽に，水，適当な温度，空気が必要か調べてみよう！

❶水と発芽との関係を調べる。

水をあたえる
インゲンマメの種子
水でしめらせる。
あなをあける。
バーミキュライト

水の条件だけを変える。

同じにする条件

●同じ温度の室内。　●空気にふれる。

結果

●水をあたえる。→発芽する。

●水をあたえない。→発芽しない。

❷温度と発芽との関係を調べる。

温度の条件だけを変える。

同じにする条件

●水をあたえる。　●空気にふれる。

結果

●あたたかいところに置く。
→発芽する。

●冷たいところに置く。
→発芽しない。

❸空気と発芽との関係を調べる。

空気の条件だけを変える。

同じにする条件

●水をあたえる。

●同じ温度の室内。

結果

●空気にふれさせる。
→発芽する。

●空気にふれさせない。
→発芽しない。

★考察

種子の発芽には，水・適当な温度・空気が必要である。

水・適当な温度・空気のどれか１つでも足りないと，種子は発芽しない。

種子の発芽には，**水・空気・適当な温度が必要**である。

キーポイント

▶種子が発芽するには，水・適当な温度・空気が必要である。
▶水・適当な温度・空気のすべての条件がそろわないと種子は発芽しない。

1 図のように，インゲンマメの種子に水をあたえる㋐と水をあたえない㋑を用意して，発芽するかどうかを調べました。あとの問いに答えましょう。

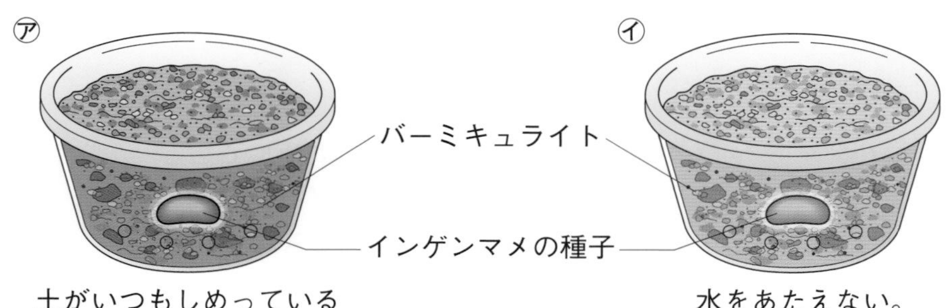

土がいつもしめっているようにする。　　水をあたえない。

(1)　㋐，㋑の種子はそれぞれ発芽しますか。

㋐(　　　　　　)　㋑(　　　　　　)

(2)　この実験から，インゲンマメの種子が発芽するためには何が必要であることがわかりますか。

(　　　　　　)

2 次の図のように，インゲンマメの種子をまいた入れ物を用意し，㋐～㋒は約20℃のあたたかいところに置き，㋓は冷蔵庫の中に入れました。また，㋑には箱をかぶせました。あとの問いに答えましょう。

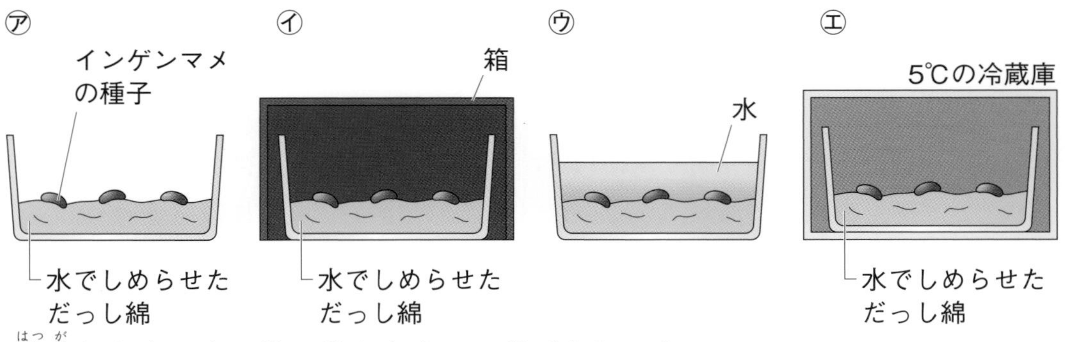

(1)　発芽したものを，㋐～㋓からすべて選びましょう。

(　　　　　　)

(2)　発芽に空気が必要かどうかを調べるには，㋐～㋓のどれとどれを比べればよいですか。　(　　　)と(　　　)

(3)　発芽に適当な温度が必要かどうかを調べるには，㋐～㋓のどれとどれを比べればよいですか。　(　　　)と(　　　)

中学へのステップアップ

結果を比べる実験をするときは，条件を1つだけ変えます。このような実験を「対照実験」といいます。

1 種子の発芽

答え▶ 2 ページ

ハイレベル

1 たけしさんとゆうこさんは，水と発芽の関係について調べる方法を考えました。次の文章は，そのときの会話の一部です。あとの問いに答えましょう。

実験

たけし：図1のように，水でしめらせただっし綿の上にインゲンマメの種子をまいたものを用意したよ。

ゆうこ：図1の実験と比べるために，①もう1つの実験を用意しないといけないね。

たけし：2つの実験で，②変えない条件は何にすればいいのだろう。

ゆうこ：土や光がなくても発芽するので，土と光は条件に入れなくていいと思うよ。

図1

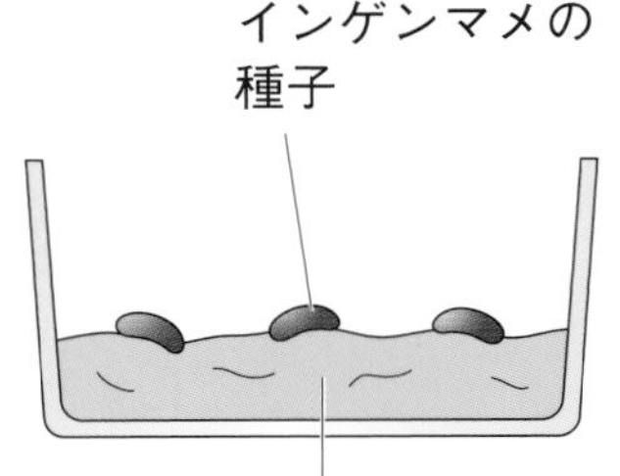

(1) 下線部①のもう1つの実験は，どのようにすればよいですか。図2の入れ物に図や言葉をかき加えましょう。かき加える図は，図1を参考にしてかきましょう。また，かいたものにはその名前を書きましょう。

図2

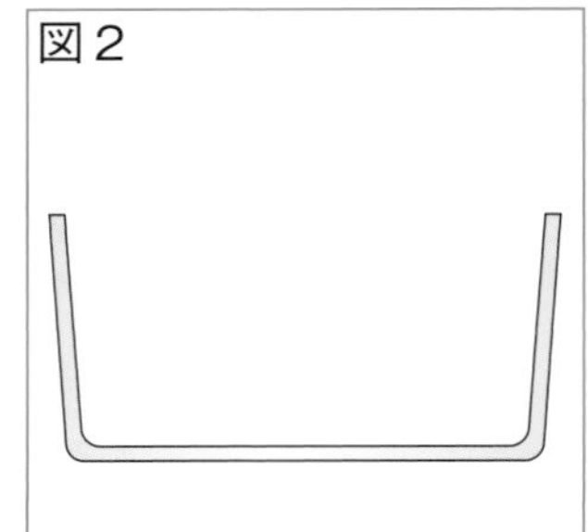

(2) 下線部②の変えない条件は何にすればよいですか。ア～ウからすべて選びましょう。

（　　　　　　　　　　）

ア　空気の条件　　イ　水の条件　　ウ　温度の条件

(3) (2)で選んだ条件を変えないためには，どのような場所に置きますか。

（　　　　　　　　　　）

(4) 図1と図2の実験では，種子はそれぞれ発芽しますか。

図1（　　　　　　）　図2（　　　　　　）

(5) 実験の結果から，どのようなことがわかりますか。

（　　　　　　　　　　）

思考力アップ

1つの条件について調べるときは，調べる条件だけを変えましょう。調べる条件以外の条件を変えてしまうと，どの条件が関係しているのかがわからなくなります。

2 **次の図のように，だっし綿を入れた入れ物にインゲンマメの種子をまき，発芽に温度が関係しているかを調べました。下の表はその結果です。あとの問いに答えましょう。**

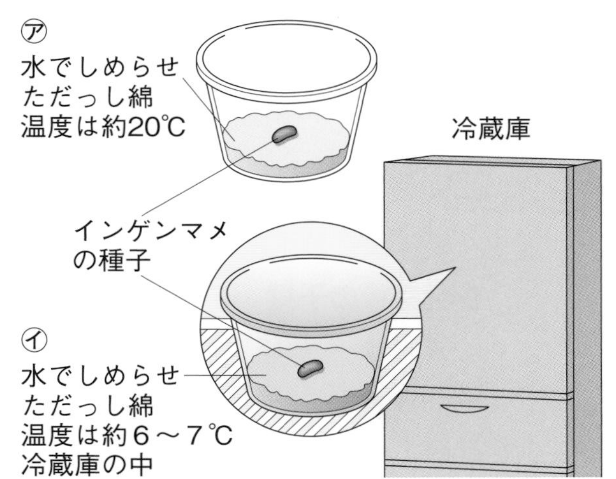

変える条件　変えない条件

	温度	水	空気
㋐	約20℃	あり	あり
㋑	約6～7℃	あり	あり

(1)　㋑について，冷蔵庫の中では，光はどのようになっていますか。

（　　　　　　　　　　　　　　　　）

(2)　(1)より，㋐，㋑で光の条件をそろえるためには，㋐をどのようにすればよいですか。

（　　　　　　　　　　　　　　　　　　　　　　　　　　　　　　）

3 **ゆうたさんは，ホウセンカの種子をまきました。次の㋐～㋒は，そのときのようすを表したものです。あとの問いに答えましょう。**

㋐ 土がかわかないように，ときどき水やりをする。　㋑ 土を少しだけ（種子が空気にふれるぐらい）かける。　㋒ あたたかい季節にまく。

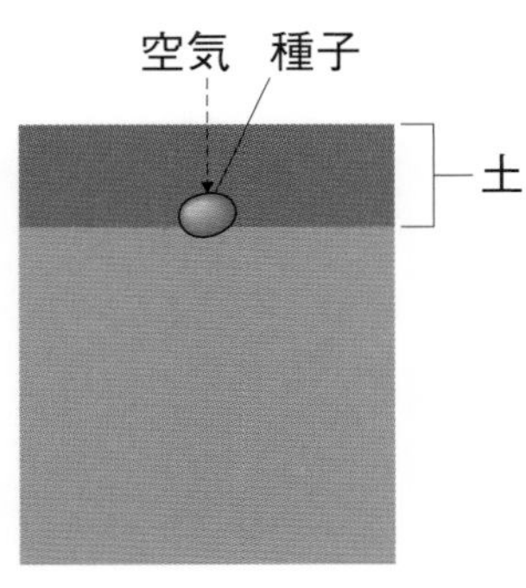

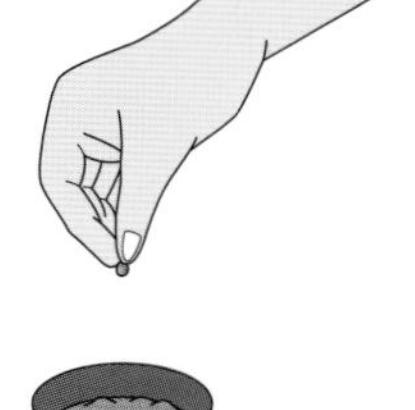

(1)　㋐，㋒は，どんな条件を満たすために行っていますか。

㋐（　　　　　　　　）　㋒（　　　　　　　　）

(2)　㋐～㋒のうち１つでも行わないと，種子の発芽はどうなりますか。

（　　　　　　　　　　　　　　　　）

答え▶ 2 ページ

2 種子の発芽と養分

標準レベル

●子葉にふくまれる養分のはたらき

実験 ▶ 発芽する前と後の子葉を調べる

●発芽する前の種子と，発芽してしばらくたった子葉にふくまれる養分について調べてみよう！

❶発芽前の種子

水にひたしてやわらかくした種子を切って，切り口にヨウ素液をつける。

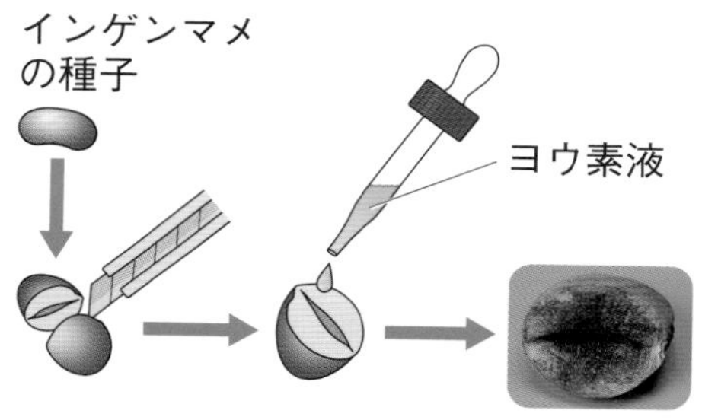

!結果 青むらさき色に変化した。

❷発芽後の子葉

発芽してしばらくたった子葉を切って，切り口にヨウ素液をつける。

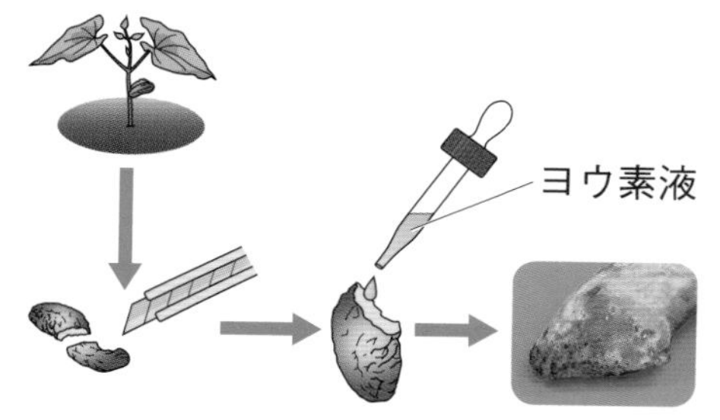

!結果 色があまり変化しなかった。

★考察

子葉にふくまれていたでんぷんは，発芽するときの養分として使われたと考えられる。

種子の子葉には，**でんぷん**がふくまれている。子葉の中のでんぷんは，発芽するときの養分として使われる。

でんぷんがあるかどうかは，ヨウ素液で調べる。でんぷんがあると，青むらさき色になる。

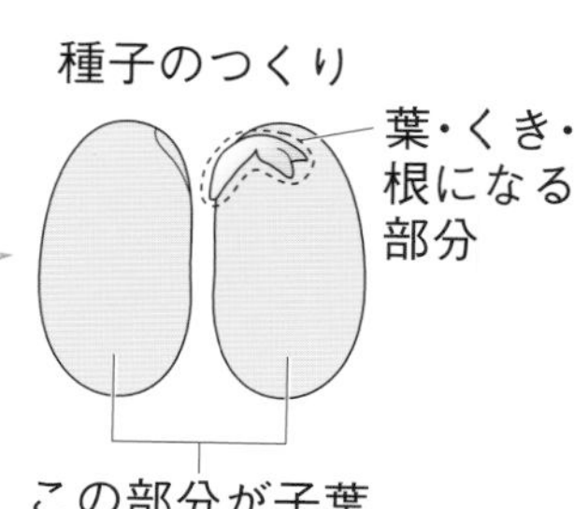

キーポイント
▶種子の子葉には，でんぷんがふくまれている。
▶子葉にふくまれているでんぷんは，発芽や成長のための養分として使われる。

1 **右の図は，発芽する前のインゲンマメの種子のつくりを表しています。次の問いに答えましょう。**

(1)　発芽後，葉・くき・根になる部分はどこですか。図の㋐～㋒からすべて選びましょう。　(　　　　)

(2)　切り口にヨウ素液をつけたとき，色が変わる部分はどこですか。図の㋐～㋒から選びましょう。
(　　　　)

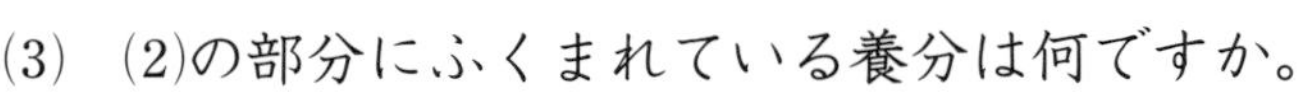

(3)　(2)の部分にふくまれている養分は何ですか。
(　　　　)

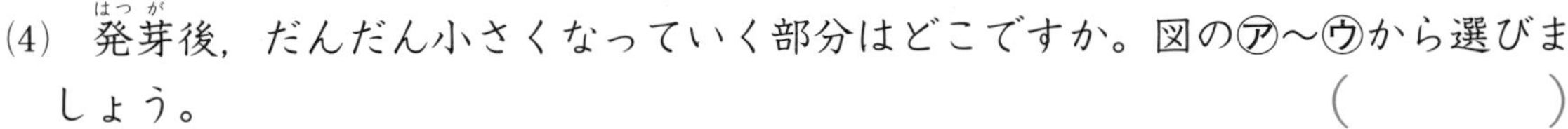

(4)　発芽後，だんだん小さくなっていく部分はどこですか。図の㋐～㋒から選びましょう。
(　　　　)

(5)　(4)の部分を何といいますか。　(　　　　)

2 **右の図は，インゲンマメの種子が発芽して成長するようすを表したものです。それぞれの種子や子葉を㋐～㋒のように切り，その切り口にヨウ素液をつけて，色の変化を調べました。次の問いに答えましょう。**

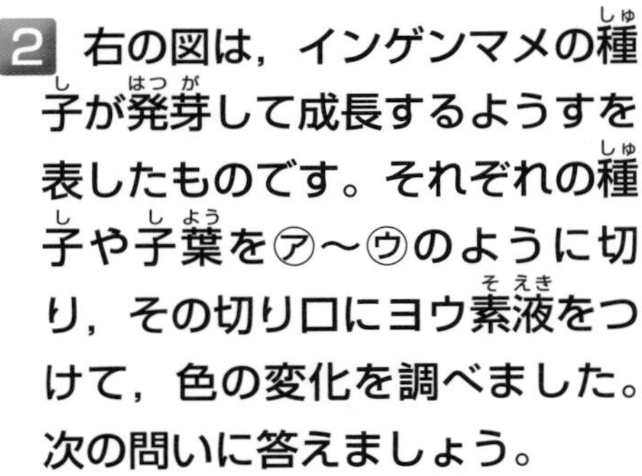

インゲンマメの
発芽前の種子

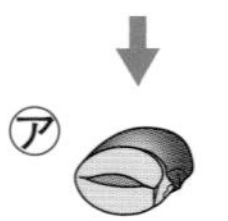

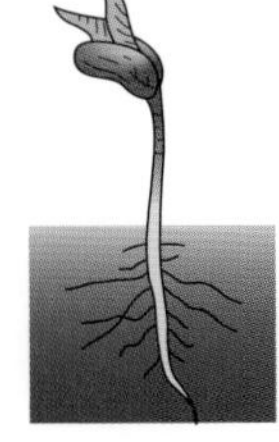

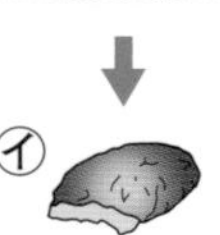

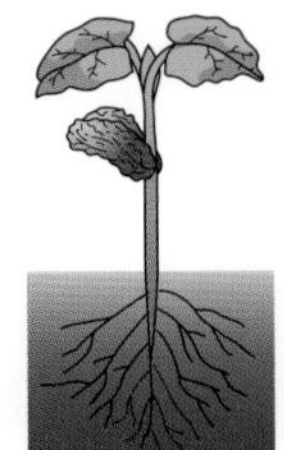

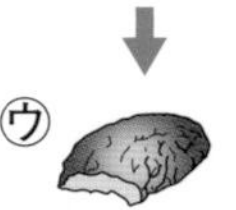

(1)　切り口にヨウ素液をつけたとき，色の変化が大きい順に㋐～㋒をならべましょう。
(　　　→　　　→　　　)

(2)　インゲンマメが成長するほど，子葉の大きさはどうなっていくと考えられますか。
(　　　　)

(3)　インゲンマメが成長するほど，子葉にふくまれているでんぷんはどうなっていくと考えられますか。
(　　　　)

(4)　(2)，(3)より，子葉にふくまれているでんぷんは，種子の発芽や成長のためにどのようなはたらきをしていると考えられますか。
(　　　　)

中学へのステップアップ
子葉が１枚の植物を単子葉類，子葉が２枚の植物を双子葉類といいます。

学習した日　　月　　日

2 種子の発芽と養分

答え ▶ 3 ページ

ハイレベル

1 発芽するときに，子葉がどのようなはたらきをしているのかを調べる実験を行いました。あとの問いに答えましょう。

実験

実験１　水にひたしてやわらかくした種子を切り，ヨウ素液をつけた。

種子を切るとき，①カッターナイフを引くほうに指を置かないようにしたよ。それから，ヨウ素液をつけるとき，よく見えるように②保護眼鏡をはずしたよ。
しばらくしたら，種子の切り口が③青むらさき色に変化したよ。

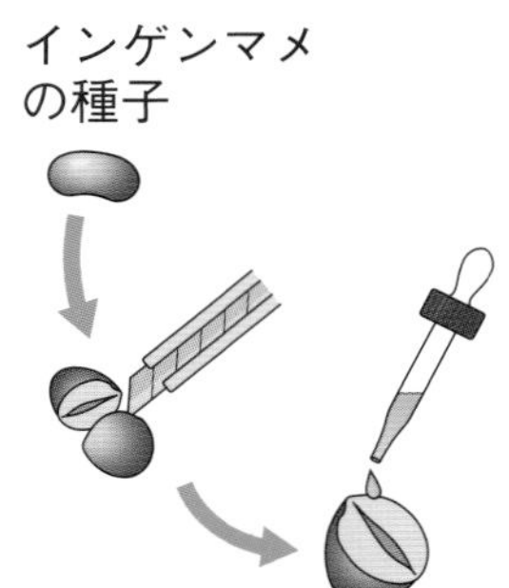

実験２　発芽してしばらくたった子葉を切り，ヨウ素液をつけた。

発芽してしばらくたった子葉は，しぼんでいるね。しぼんだ子葉の切り口は，④色があまり変化しなかったよ。

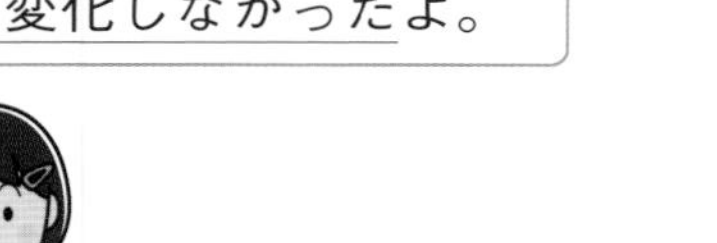

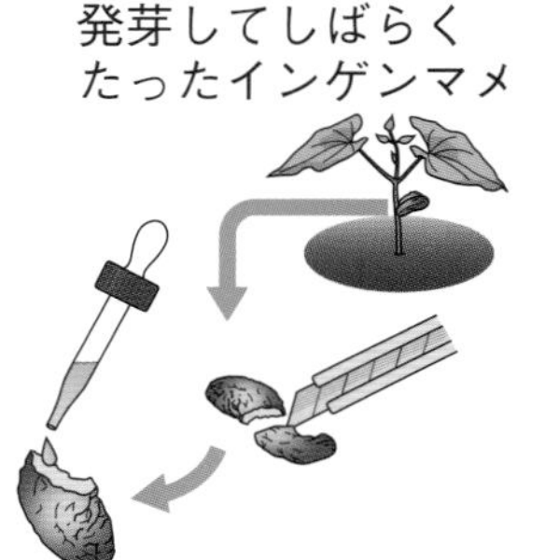

(1)　下線部①，②の実験操作のうち，まちがっているものはどちらですか。

下線部（　　　）

(2)　(1)で選んだ下線部がまちがっているのはなぜですか。

（　　　　　　　　　　　　　　　　）

(3)　下線部③のように色が変化したことから，種子には何という養分がふくまれていることがわかりますか。（　　　　　）

(4)　下線部④より，発芽してしばらくたった子葉にふくまれている(3)は，発芽前に比べて多くなっていますか，少なくなっていますか。

（　　　　　　　　）

(5)　実験１，２より，子葉はどのようなはたらきをしていると考えられますか。

（　　　　　　　　　　　　　　　　）

❷ 子葉の大きさによる成長のちがいを調べるため，2つぶのインゲンマメの種子を用意し，下の図のようにそれぞれの種子を土にまいたところ，どちらも発芽しました。㋐はそのままの大きさの種子で，㋑は子葉の半分を切りとった種子です。あとの問いに答えましょう。

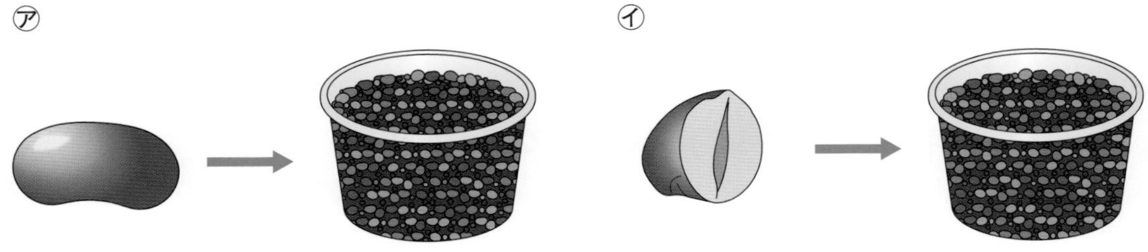

(1)　種子は，どちらも同じように，肥料をふくまない土にまきました。それはなぜですか。

(　　　　　　　　　　　　　　　　　　　　)

(2)　発芽後，どちらのインゲンマメのほうが大きくなると考えられますか。また，そう考えたのは，なぜですか。　記号(　　　　)

なぜ(　　　　　　　　　　　　　　　　　　　　)

❸ 図1は発芽する前のインゲンマメの種子のつくりを，図2は発芽してからしばらくたったインゲンマメのようすを表しています。次の問いに答えましょう。

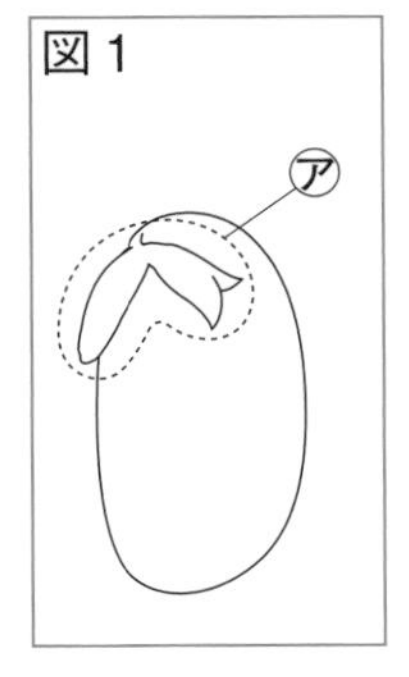

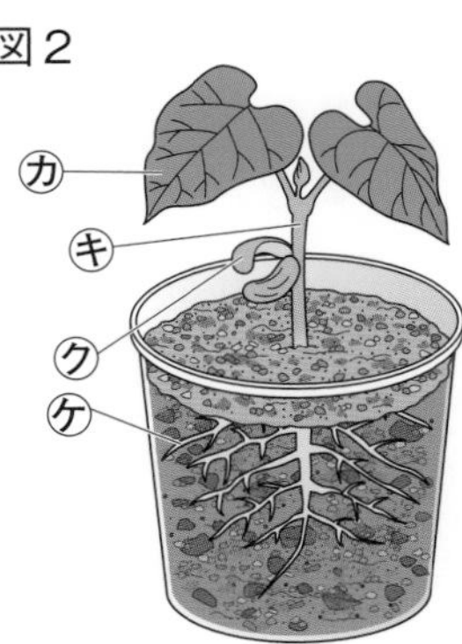

(1)　発芽する前の種子をたてに切り，ヨウ素液をつけました。どの部分の色が変化しますか。色が変化する部分を図1にぬりましょう。

(2)　種子の㋐の部分は，発芽したあと，どの部分になりますか。図2の㋕～㋘からすべて選びましょう。　(　　　　)

(3)　図2の㋗は，しばらくするとどうなりますか。**ア**～**エ**から選びましょう。　(　　　　)

ア　少しずつのびて，葉となって大きく成長していく。
イ　養分がたくわえられて，少しずつ大きくなっていく。
ウ　少しずつしぼんでいき，やがて落ちる。
エ　少しずつしぼんでいき，やがてなくなる。

答え ▶ 3 ページ

3 植物の成長

●植物が成長するために必要なもの

実験 ▶ 植物が成長する条件を調べる

●日光や肥料と植物の成長の関係について調べてみよう！

❶日光と植物の成長の関係を調べる。

日光に当てる。

日光の条件だけを変える。

日光に当てない。

日光

肥料を入れた水

肥料を入れた水

箱をかぶせる。

同じにする条件
- 水をあたえる。
- 肥料をあたえる。
- 発芽に必要な条件。

結果

- 日光に当てる。
  →よく成長した。
- 日光に当てない。
  →あまり成長しなかった。

★考察

植物は，日光を当てるとよく成長する。

❷肥料と植物の成長の関係を調べる。

肥料をあたえる。

肥料の条件だけを変える。

肥料をあたえない。

日光

日光

肥料を入れた水

水

同じにする条件
- 水をあたえる。
- 日光に当てる。
- 発芽に必要な条件。

結果

- 肥料をあたえる。
  →よく成長した。
- 肥料をあたえない。
  →あまり成長しなかった。

★考察

植物は，肥料をあたえるとよく成長する。

植物は，**日光に当てるとよく成長する。**
植物は，**肥料をあたえるとよく成長する。**

発芽に必要な水・適当な温度・空気も，植物の成長には必要です。

キーポイント

▶植物は，日光に当て，肥料をあたえるとよく成長する。
▶発芽の条件（水・適当な温度・空気）も，植物の成長には必要である。

1 インゲンマメのなえの成長に日光が必要かどうかを調べるために，右の図のように，２本のなえ㋐，㋑を用意し，１週間後に成長のようすを比べました。次の問いに答えましょう。

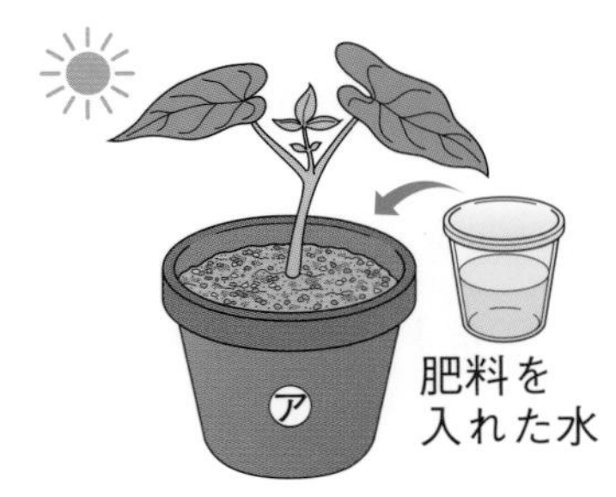

(1) この実験で，変える条件と変えない条件は何ですか。ア～オからそれぞれすべて選びましょう。

変える条件（　　　　　　）
変えない条件（　　　　　　）

ア　水　　イ　日光　　ウ　適当な温度
エ　肥料　　オ　空気

(2) ㋑に箱をかぶせるのはなぜですか。
（　　　　　　）

(3) インゲンマメがよく成長したのは，㋐，㋑のどちらですか。（　　　）

(4) (3)で選ばなかったなえがよく成長しなかったのは，何が足りなかったからですか。
（　　　　　　）

2 インゲンマメのなえの成長に肥料が必要かどうかを調べるために，右の図のように，２本のなえ㋐，㋑を用意し，３週間後に成長のようすを比べました。次の問いに答えましょう。

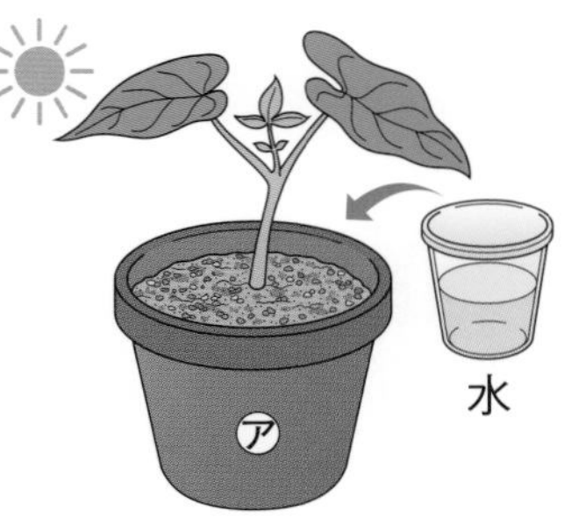

(1) この実験で，変える条件と変えない条件は何ですか。ア～オからそれぞれすべて選びましょう。

変える条件（　　　　　　）
変えない条件（　　　　　　）

ア　水　　イ　日光　　ウ　適当な温度
エ　肥料　　オ　空気

(2) インゲンマメがよく成長したのは，㋐，㋑のどちらですか。（　　　）

(3) (2)で選ばなかったなえは，この後，何をあたえるとよく成長しますか。（　　　　　　）

3 植物の成長

答え▶ 4 ページ

ハイレベル

1 植物が成長するためには，発芽に必要な条件のほかに，どのような条件が必要か調べました。あとの問いに答えましょう。

実験

実験1　日光と成長について調べた。

日光に当てるなえと日光に当てないなえを用意すればいいね。発芽に必要な条件を調べたときのように，日光に当てないなえは①冷蔵庫に入れたよ。

肥料を入れた水の量は，日光に当てるなえと日光に当てないなえでは［　　］にしたよ。

実験2　肥料と成長について調べた。

肥料をあたえるなえと肥料をあたえないなえを用意して，両方とも日光に当てたよ。

②肥料を入れていない水の量と肥料を入れた水の量は，どうしたらいいのかな？

(1)　下線部①の実験操作を正しく書き直しましょう。また，下線部①がまちがっているのは，なぜですか。
(　　　　　　　　)
なぜ (　　　　　　　　)

(2)　［　　］にあてはまる言葉を書きましょう。　(　　　　)

(3)　下線部②では，肥料を入れていない水の量と肥料を入れた水の量をどのようにしたらよいですか。　(　　　　)

(4)　実験1，実験2で変える条件は，それぞれ何ですか。
実験1 (　　　　)
実験2 (　　　　)

(5)　実験を終えたなえは，このあとどのように育てるとよいですか。
(　　　　　　　　)

思考力アップ

実験をするときは，調べたい条件以外の条件が変わってしまわないように注意しよう。

2 **次の図の㋐〜㋓のように，4つの同じ入れ物に同じ数のウキクサを入れ，10日後にウキクサの数を調べました。あとの問いに答えましょう。ただし，㋐，㋑，㋓は，約25℃の部屋に置きました。**

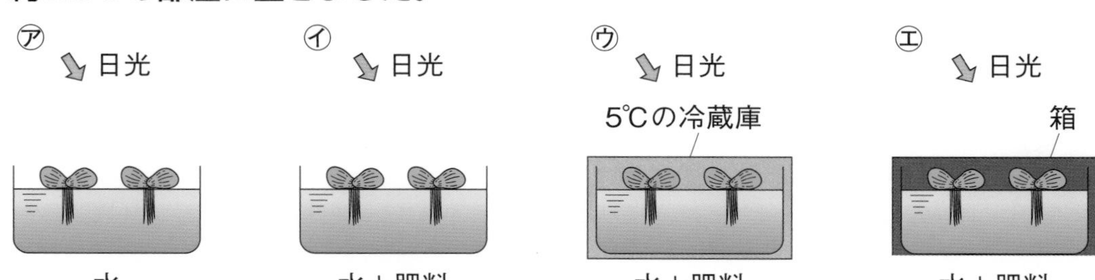

(1)　はじめに同じ数のウキクサを入れたのはなぜですか。

（　　　　　　　　　　　　　　　　　　　　　　　　　　　　　　）

(2)　ウキクサがよく成長するために日光が必要かどうかを調べるには，どれとどれを比べればよいですか。㋐〜㋓から2つ選びましょう。

（　　　　）と（　　　　）

(3)　ウキクサがよく成長するために肥料が必要かどうかを調べるには，どれとどれを比べればよいですか。㋐〜㋓から2つ選びましょう。

（　　　　）と（　　　　）

(4)　10日後，ウキクサがもっともよく成長したのはどれですか。㋐〜㋓から選びましょう。

（　　　　）

ちょこっとサイエンス

スーパーマーケットなどで売られているもやしは，植物の名前ではなく，ダイズやリョクトウ（緑豆）などの種子が発芽して5cmほどに成長したものです。

まず，種子をきれいにあらってから，湯にひたし，発芽しやすくします。湯から出した種子は，20〜25℃にした暗い部屋へ移され，5〜7cmになるまでときどき水をかけて，水だけで育てられます。そして，ふくろにつめられます。

このように，もやしの生産は，発芽の条件である「水・適当な温度・空気」が整えられた工場で行われています。

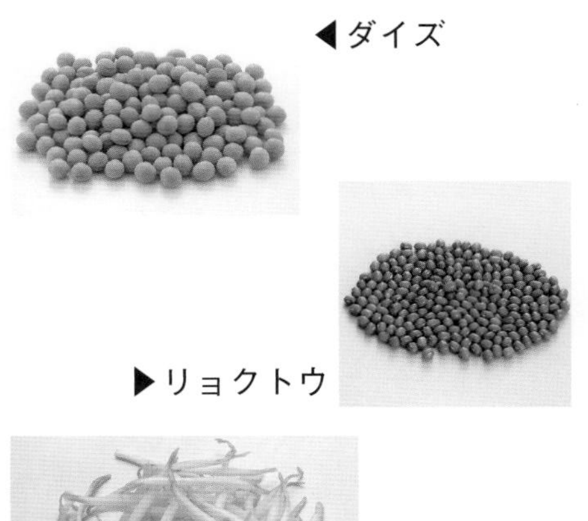
◀ダイズ

▶リョクトウ

◀もやし

チャレンジテスト

1 インゲンマメの発芽に必要なものを調べるために，次の実験１～５を行ったところ，実験２と３のインゲンマメだけが発芽しました。あとの問いに答えましょう。

1つ10〔50点〕

実験

実験１　①のように，ビーカーの底にかわいただっし綿をしき，20℃の明るい場所に置き，その上にインゲンマメの種子を置いた。

実験２　②のように，ビーカーの底にしめっただっし綿をしき，実験１と同じ場所に置き，その上にインゲンマメの種子を置いた。

実験３　③のように，ビーカーの底にしめっただっし綿をしき，実験１と同じ場所に置き，その上にインゲンマメの種子を置き，上から箱をかぶせた。

実験４　④のように，ビーカーの底にしめっただっし綿をしき，その上にインゲンマメの種子を置いたものを，5℃の冷蔵庫の中に入れた。

実験５　⑤のように，ビーカーの底にだっし綿をしき，水を入れて，インゲンマメの種子をしずめ，実験１と同じ場所に置いた。

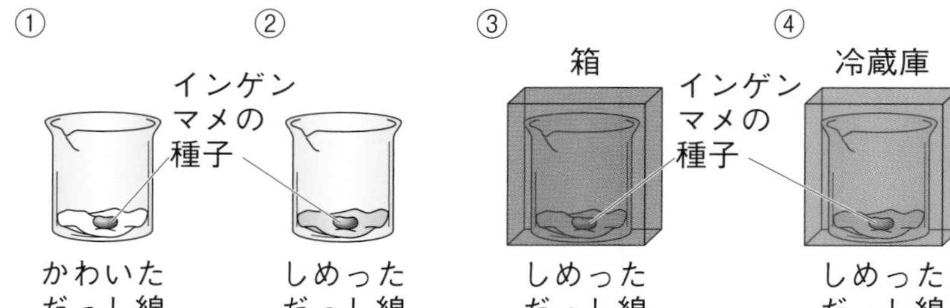

(1)　発芽に水が必要であることは，どれとどれを比べるとわかりますか。①～⑤から選びましょう。（　　　と　　　）

(2)　発芽に光が必要でないことは，どれとどれを比べるとわかりますか。①～⑤から選びましょう。（　　　と　　　）

(3)　実験２と５の結果から，発芽には何が必要であることがわかりますか。（　　　　　）

(4)　実験３と４の結果から，発芽には何が必要であることがわかりますか。（　　　　　）

(5)　右の図は，実験２で発芽したインゲンマメを育て，最初の葉が出たときのようすをスケッチしたものです。右の図に，足りない部分をかき加えましょう。

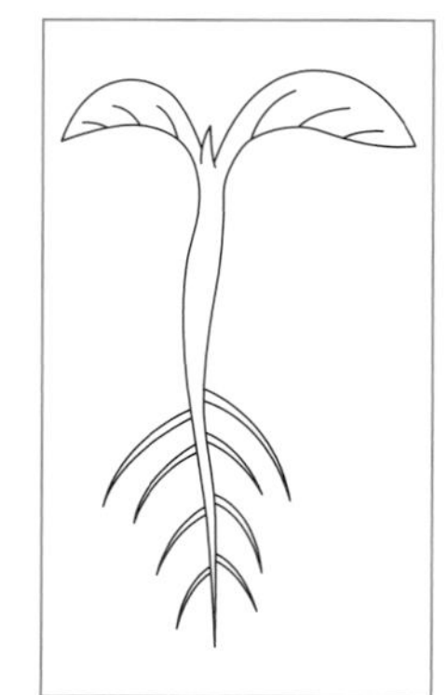

得点　　点

2 ゆみさんは，学校で育てたホウセンカのはちを庭に置き，大きく育てることにしました。右の図は，ゆみさんの家を上から見たようすを表したものです。次の問いに答えましょう。 1つ10〔30点〕

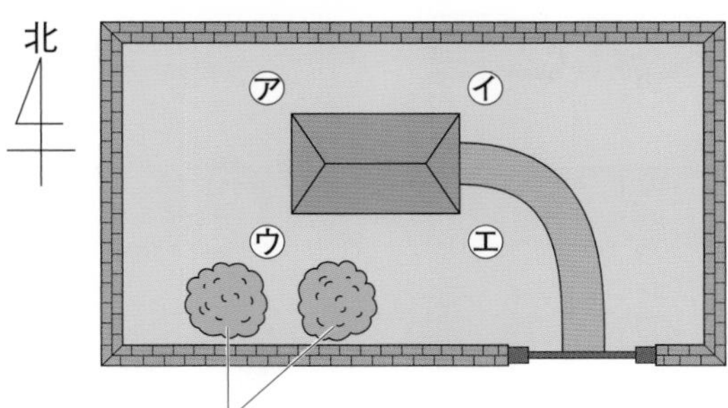

(1)　朝から夕方にかけて，太陽はどの方位からどの方位へ動きますか。**ア～エ**から選びましょう。（　　　）

ア　東→南→西　　**イ**　東→北→西

ウ　西→南→東　　**エ**　西→北→東

(2)　どの場所にはちを置くと，ホウセンカがもっとも大きく育つと考えられますか。図の㋐～㋓から選びましょう。（　　　）

(3)　(2)のように考えたのは，なぜですか。

（　　　　　　　　　　　　　　　　　　　　）

3 りかさんは，畑に植えてある植物のようすを観察したところ，植物のまわりの地面が黒いビニールシートでおおわれていることに気づきました。次の文章は，りかさんと先生の会話の一部です。あとの問いに答えましょう。 1つ10〔20点〕

観察

先生：昔は，黒いビニールシートのかわりにわらをしきました。

りか：何のためですか。

先生：地面をおおって草が成長するのを防（ふせ）ぐためです。

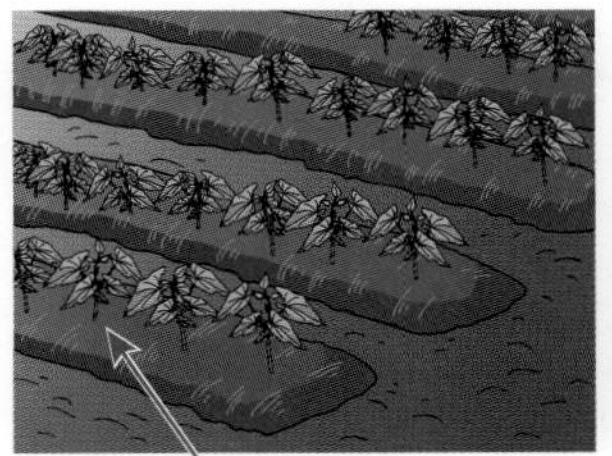
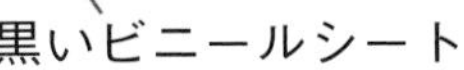

りか：わらや黒いビニールシートをしくと，なぜ草が成長しないのかな？

(1)　わらや黒いビニールシートの下では，草の種子（しゅし）が発芽（はつが）しますか，発芽（はつが）しませんか。（　　　）

(2)　下線部について，なぜ草が成長するのを防（ふせ）げるのですか。

（　　　　　　　　　　　　　　　　　　　　）

答え ▶ 5ページ

4 天気と雲

標準レベル

●雲のようすと天気の変化

観察　雲のようすと天気の変化を調べる

●雲のようすと天気の変化について調べてみよう！

❶天気が変化しそうな日に，観察する場所を決める。
❷調べる方位を決めて，記録カードに方位を書きこみ，目印となる建物などをかく。
❸天気や雲のようすを調べ，記録カードに記録する。
❹これからの天気がどうなるかを予想する。
❺数時間後に，同じ場所で同じように観察し，記録する。

結果

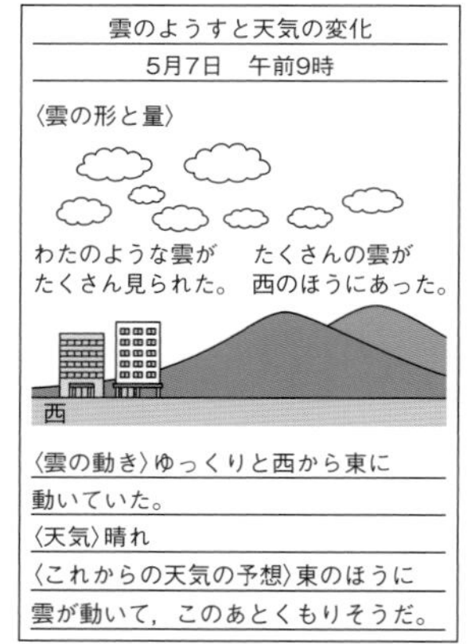

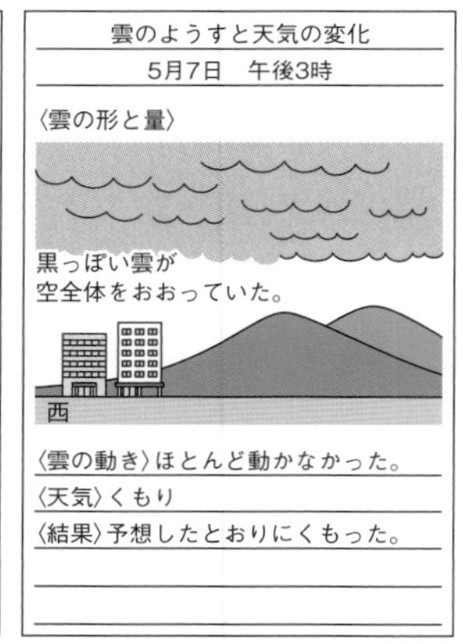

注意
・空を見るときは，目で見るときもデジタルカメラを使うときも，太陽を直接見ないようにする。
・天気が急に変わることがあるので，安全に注意する。
・雨やくもりのときは，かみなりに注意する。

★考察

晴れからくもりに変わるときは，雲は西から東へ動きながら，量が増えていき，白い雲から黒っぽい雲に変わっていった。

雲は西から東へ動き，天気が変化するときは，**雲の色，形，量などのようすが変化する**。

●天気の決め方と雲の量

「晴れ」と「くもり」の天気は，空全体を10として，およその雲の量で決める。

雲の量が0～8のときを，「晴れ」とする。

雲の量が9～10のときを，「くもり」とする。

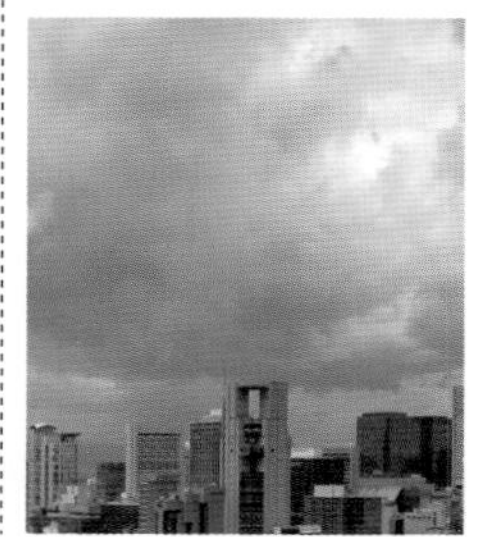

キーポイント

▶雲は動いていて，雲の形や量は，時刻とともに変化する。
▶雲の色や形，量などが変化すると，天気が変化する。

1 **次の記録カードは，連続した２日間の雲のようすと天気を調べ，記録したものです。あとの問いに答えましょう。**

雲のようすと天気　４月１６日

	午前１０時	午後２時
天　気	晴れ	晴れ
雲の量	少なかった。	少なかった。
雲の形	すじのような形	わたのような形
雲の動き	西から東へとゆっくりと動いていた。	西から東へとゆっくりと動いていた。

天気の予想
雲はゆっくり動いていて，午後になって雲の種類が変わった。①西の空の雲の量が増えたので，くもってくると思う。

雲のようすと天気　４月17日

	午前１０時	午後２時
天　気	くもり	雨
雲の量	空全体にあった。	空全体にあった。
雲の形	はい色でかさなりあった雲	黒っぽくてかさなりあった雲
雲の動き	ほとんど動かなかった。	ほとんど動かなかった。

天気の結果
予想どおりくもった。だんだん雲が厚くなって，暗くなり，やがて雨が降ってきた。

(1)　雲はどの方位からどの方位へ動きましたか。　（　　　　　）

(2)　雲の量は，くもりや雨の日と晴れの日では，どちらが多いですか。
（　　　　　）

(3)　下線部①のように予想したのは，なぜですか。
（　　　　　　　　　　　　　　　　　）

(4)　雲のようすが変化すると，天気はどうなるといえますか。
（　　　　　）

2 **右の写真は，ある日の午前１０時の空のようすです。次の問いに答えましょう。**

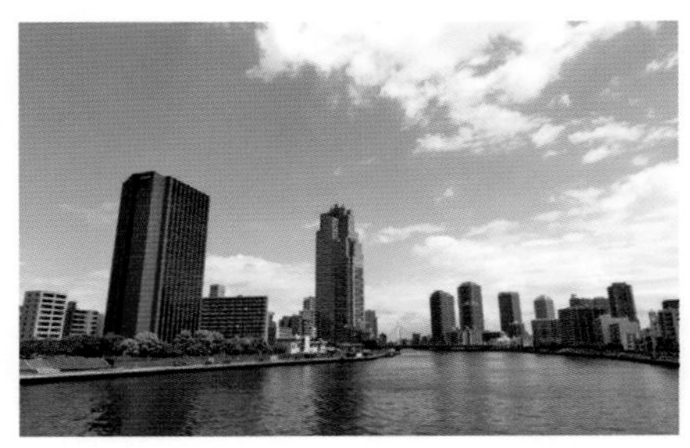

(1)　このときの天気は，晴れとくもりのどちらですか。　（　　　　　）

(2)　空全体を１０としたとき，晴れやくもりは，雲の量がそれぞれいくつのときですか。ア～エから選びましょう。

晴れ（　　　　）
くもり（　　　　）

ア　０～５　　イ　０～８
ウ　６～１０　　エ　９～１０

中学へのステップアップ
空気中の水蒸気が上昇して温度が下がると，水滴や氷のつぶとなり，これらが集まって雲ができます。

学習した日　　月　　日

4 天気と雲

答え ▶ 5 ページ

ハイレベル

1 ある日の雲のようすを次の❶～❹のような手順で観察し，結果を下のような記録カードに記録しました。あとの問いに答えましょう。

観察

❶ 校舎（こうしゃ）の屋上で観察することにした。

❷ 記録カードに南の方位をかき，目印となる建物などをかいた。

❸ 午前9時の雲の量やようすを観察し，記録した。

❹ 正午，午後3時も❷，❸と同じように観察し，記録した。

	午前9時	正午	午後3時
雲の記録			
雲の量	2	8	10
雲のようす	白い雲が西から東へ動いていた。動きはとても速かった。	白い雲が南西から北東へ動き，雲が増えてきた。午前9時よりも動きはゆっくりだった。	黒っぽい雲が低い空全体をおおい，ほとんど動いていないようだった。小雨が降り始めていた。

(1) 手順❷の下線部のように，目印となる建物などをかいておくのはなぜですか。

(　　　　　　　　　　)

(2) 正午と午後3時に観察する場所はどこですか。また，どの方位の空を観察しますか。

場所(　　　　　　)

方位(　　　　　　)

(3) この日の午前9時，正午，午後3時の天気は晴れ，くもりのどちらですか。

午前9時(　　　　　　)　正午(　　　　　　)

午後3時(　　　　　　)

(4) この日の午後6時の雲のようすも観察しました。午後6時の天気はどのようであると考えられますか。また，そのように考えたのは，なぜですか。

天気(　　　　　　)

なぜ(　　　　　　　　　　)

思考力アップ

10種類ある雲とその特ちょうを整理しておくと，くらしに役立ちます。

2 **次の写真は，ある場所で見られたさまざまな雲のようすです。あとの問いに答えましょう。**

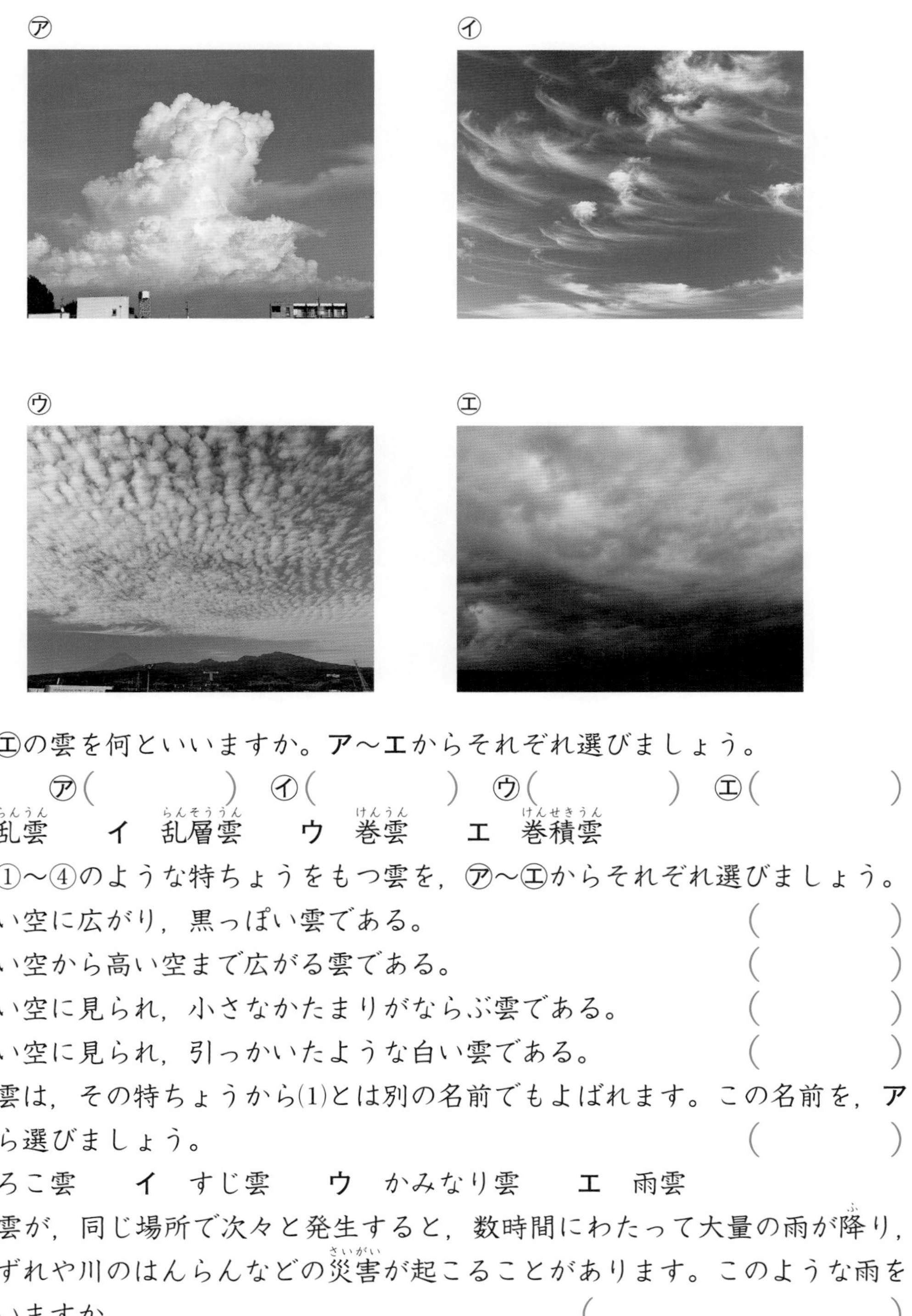

(1) ㋐～㋓の雲を何といいますか。**ア**～**エ**からそれぞれ選びましょう。

㋐(　　　　) ㋑(　　　　) ㋒(　　　　) ㋓(　　　　)

ア 積乱雲(せきらんうん)　**イ** 乱層雲(らんそううん)　**ウ** 巻雲(けんうん)　**エ** 巻積雲(けんせきうん)

(2) 次の①～④のような特ちょうをもつ雲を，㋐～㋓からそれぞれ選びましょう。

① 低い空に広がり，黒っぽい雲である。(　　　　)

② 低い空から高い空まで広がる雲である。(　　　　)

③ 高い空に見られ，小さなかたまりがならぶ雲である。(　　　　)

④ 高い空に見られ，引っかいたような白い雲である。(　　　　)

(3) ㋐の雲は，その特ちょうから(1)とは別の名前でもよばれます。この名前を，**ア**～**エ**から選びましょう。(　　　　)

ア うろこ雲　**イ** すじ雲　**ウ** かみなり雲　**エ** 雨雲

(4) ㋐の雲が，同じ場所で次々と発生すると，数時間にわたって大量の雨が降(ふ)り，土砂(どしゃ)くずれや川のはんらんなどの災害(さいがい)が起こることがあります。このような雨を何といいますか。(　　　　　　　　)

答え▶ 6 ページ

5 天気の変化

標準レベル

●雲の動きと天気の変化

観察　雲の動きと天気の変化の関係について調べる

●雲の動きと天気の変化のきまりについて調べてみよう！

❶数日間，気象情報を，インターネットや新聞などで集める。

❷集めた気象情報を日付順に整理し，天気の変化を調べる。

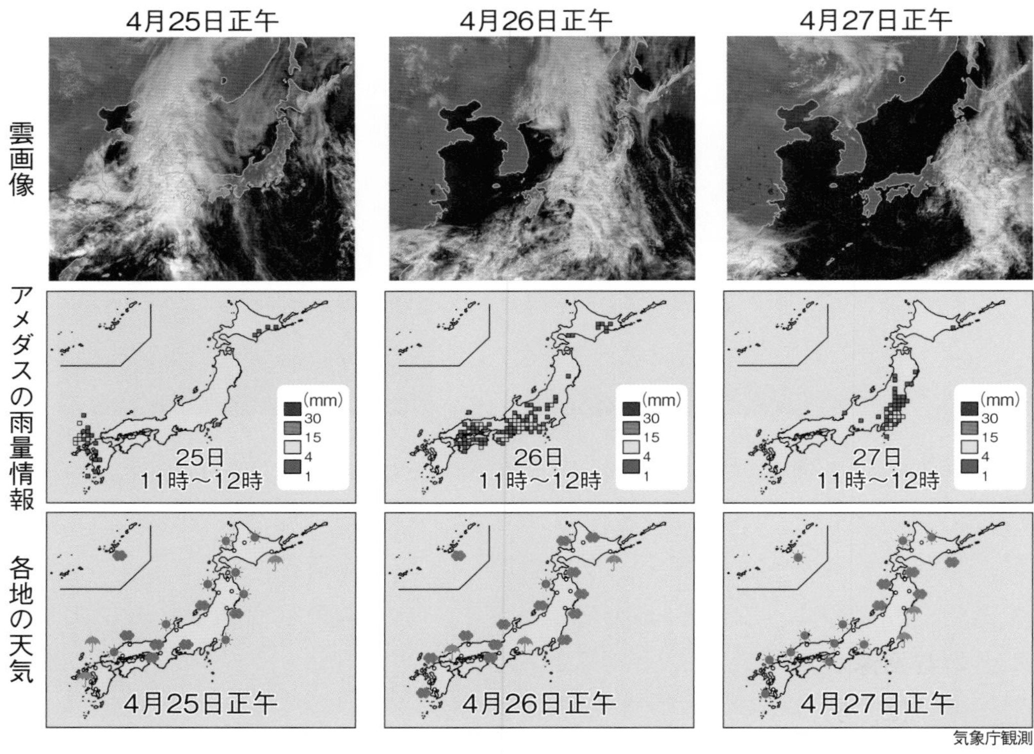

気象庁観測

結果

日本付近では，雲は，およそ西から東へ動いていく。

★考察

日本付近の天気は，雲の動きとともに，およそ西から東へ変化していく。

日本付近の雲　およそ**西から東へ動いていく。**

日本付近の天気　およそ**西から東へ変化していく。**

次の日の天気は，雲のようすやさまざまな気象情報から予想することができる。

キーポイント

▶雲は，西から東へ動いていく。
▶天気は，雲の動きにつれて，西から東へ変化する。

1 **図1は，ある日の正午に観測された雲画像で，図2は，そのときの雨量情報を表したものです。あとの問いに答えましょう。**

図1

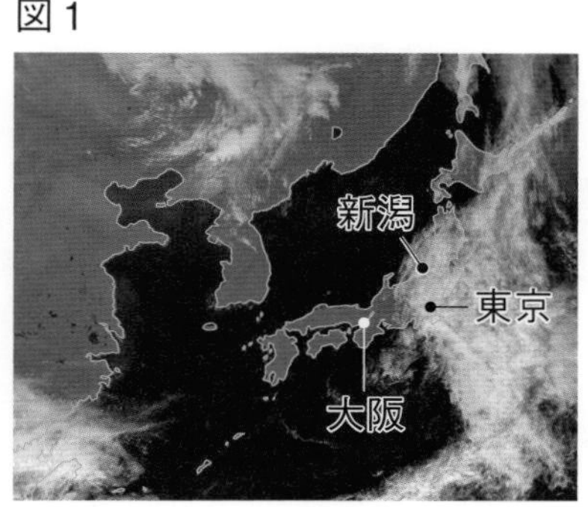

図2　11時〜12時

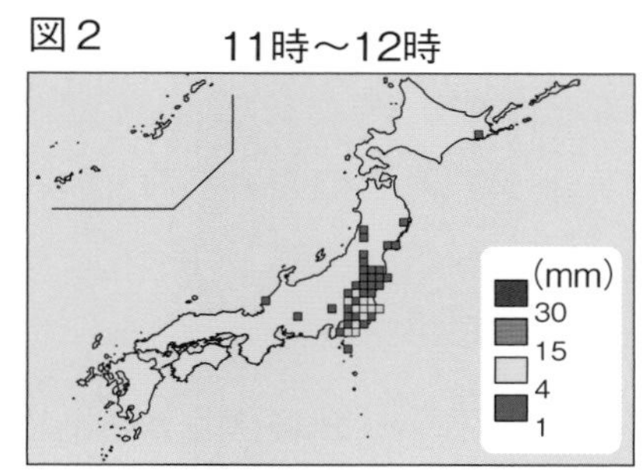

(1)　図1の雲画像の白い部分には，何がありますか。　(　　　　　　　　　　)

(2)　図2の雨量情報は，全国各地の雨量や風，気温などのデータを自動的に計測し，まとめるシステムからの情報です。このシステムを何といいますか。カタカナ4文字で書きましょう。　(　　　　　　　　　　)

(3)　大阪，東京，新潟のこの日の正午の天気は，それぞれどのようであったと考えられますか。**ア**〜**ウ**から選びましょう。

大阪(　　　　　)　東京(　　　　　)　新潟(　　　　　)

ア　晴れ　　**イ**　くもり　　**ウ**　雨

2 **右の図は，4月25日と26日の正午の気象衛星からの雲画像です。次の問いに答えましょう。**

4月25日正午

4月26日正午

(1)　図の雲画像から，日本付近では，雲はどの方位からどの方位へ動いていくと考えられますか。東，西，南，北で書きましょう。

(　　　　　　　　　　)

(2)　日本付近では，天気はどの方位からどの方位へ変わると考えられますか。東，西，南，北で書きましょう。

(　　　　　　　　　　)

中学へのステップアップ

中緯度地域では，偏西風とよばれる，西から東へふく風が地球を1周しています。そのため，日本付近の天気は，西から東へ変わることが多くなります。

学習した日　　月　　日

5 天気の変化

答え▶ 6 ページ

ハイレベル

1 気象予報士が2日間の天気予報を発表しているのを聞き，天気の変化には，何かきまりがあるのかどうかを調べました。あとの問いに答えましょう。

調査

気象予報士：雲が西のほうから近づいてきているので，明日の天気は下り坂です。そのため，午後には，西のほうから雨が降り出すでしょう。あさっては，雲が［　　］に移動するので，西のほうから晴れてくるでしょう。

「西のほうから」という言葉が，何度も出てくるね。なぜだろう？

何日間かの雲のようすを調べれば，天気の変化について，何かわかるかもしれないね。3日間の6時ごろの雲画像を調べたけど，順序がわからなくなってしまったよ。

㋐

㋑

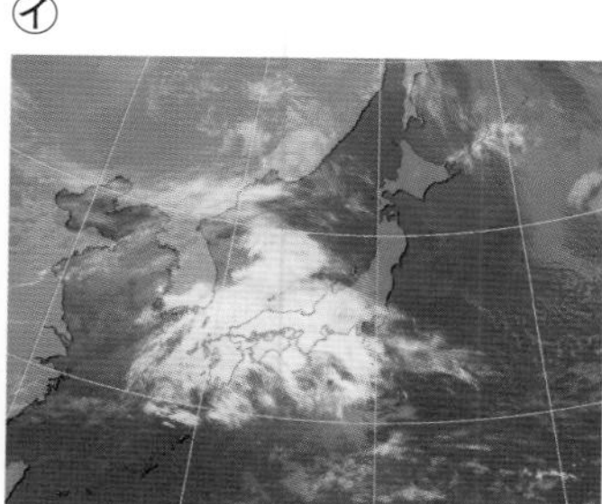

㋒

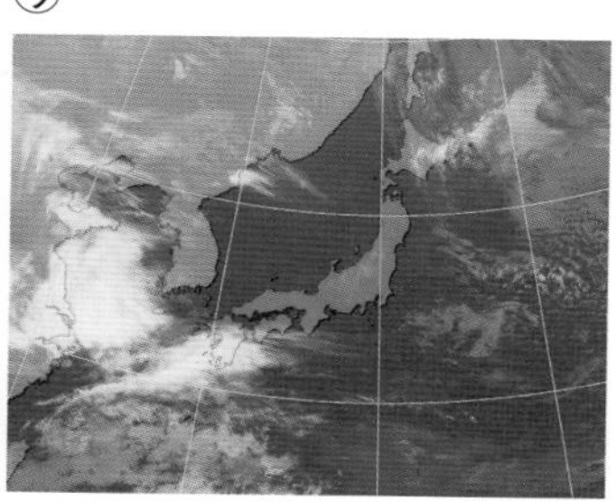

(1) 雲画像は，何からの情報をもとにつくられていますか。

（　　　　　　）

(2) 文中の［　　］にあてはまる方位を，東，西，南，北から選びましょう。

（　　　　　　）

(3) 下線部の「西のほうから」から考えて，雲は，どちらの方位からどちらの方位へ動くと考えられますか。

（　　　　　　）

(4) 雲画像㋐～㋒を正しい順になるようにならべましょう。

（　　→　　→　　）

思考力アップ

雲の動きと天気がどのように関係しているかは，実際に，新聞やインターネットなどで調べてみると，よくわかります。

2 次の図は，4月25日から27日までの3日間の正午の雲画像と，そのときのアメダスの雨量情報による雨のようすを示したものです。これについて，あとの問いに答えましょう。

4月25日正午

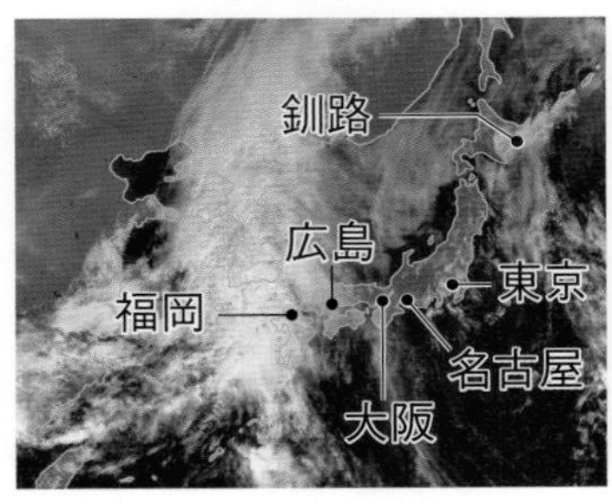

4月26日正午

4月27日正午

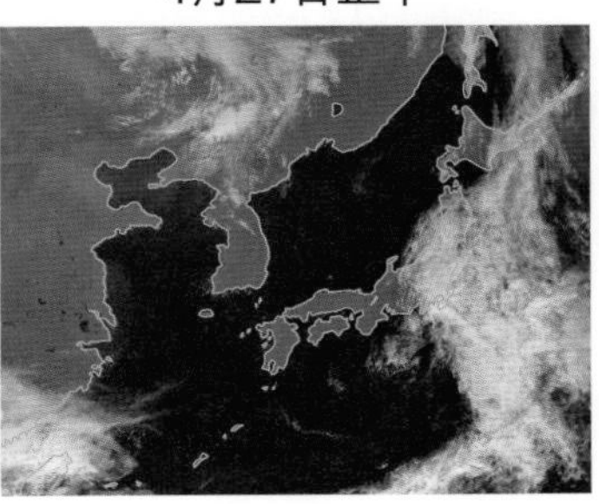

4月25日　11時～12時

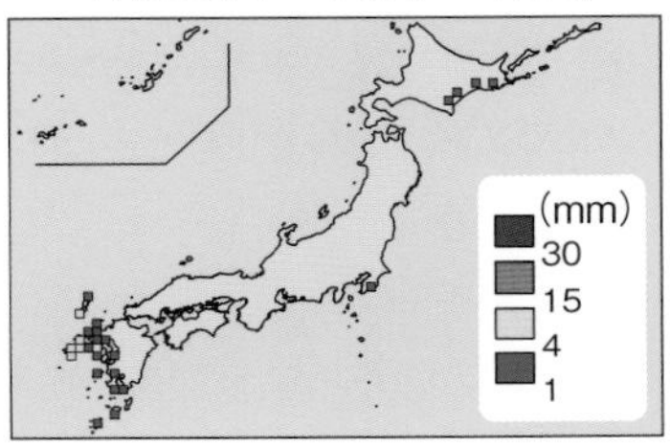

4月26日　11時～12時

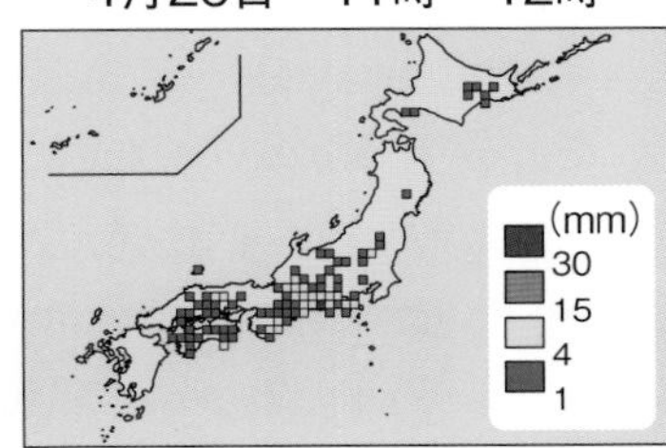

4月27日　11時～12時

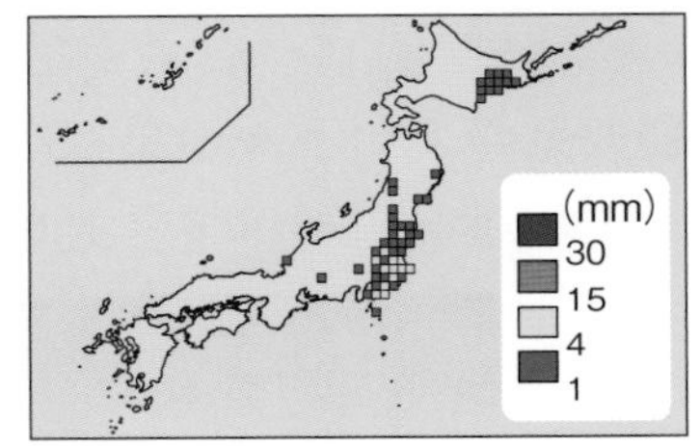

(1) 27日正午の天気について，正しいものを**ア**～**エ**からすべて選びましょう。
(　　　　　　　)

ア　福岡には雲があり，その地域はくもりか雨だと考えられる。
イ　大阪には雲がなく，その地域は晴れだと考えられる。
ウ　東京には雲があり，その地域は雨だと考えられる。
エ　釧路には雲がなく，その地域は晴れだと考えられる。

(2) 4月25日正午の広島には雲がかかっていますが，このときの広島の天気は，くもりでした。雲がかかっているのに，雨でないのはなぜですか。
(　　　　　　　　　　　　　　　　　　　　　　　　　　　　　　　)

(3) 図の雲画像から，雲はどちらの方位からどちらの方位へ動いていることがわかりますか。
(　　　　　　　)

(4) 雲がこのまま動いていくと，4月28日の東京の正午の天気は，何になると予想されますか。
(　　　　　　　)

(5) (4)のように考えたのは，なぜですか。
(　　　　　　　　　　　　　　　　　　　　　　　　　　　　　　　)

6 台風

標準レベル

●台風の動き方と天気の変化

❶台風の動き方

●台風は，日本の南の海上で発生し，初めは西へ動き，やがて北東へ進むことが多い。

台風の雲のうずまきの中心を台風の目といい，風が弱く，雨もあまり降らないよ。

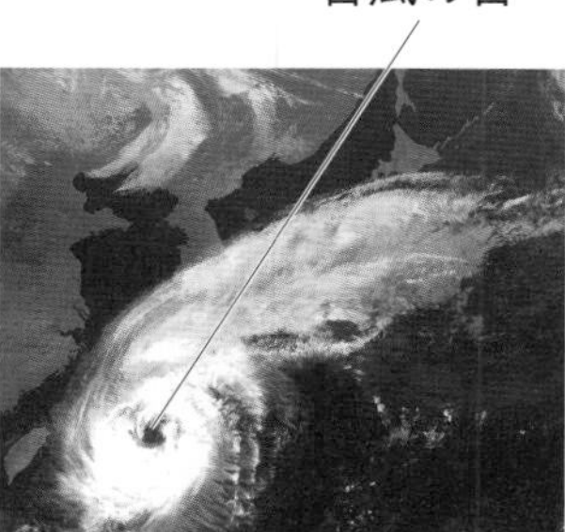

過去に発生した台風の月ごとの主な進路

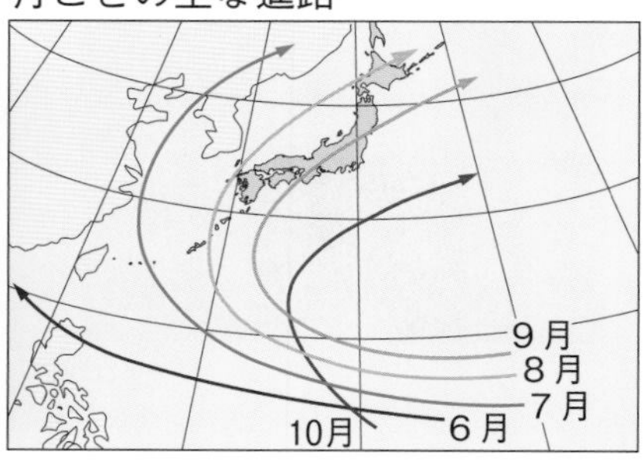

❷天気の変化　●台風が近づくと，強い風がふいたり，短い時間に大雨が降ったりして，天気のようすが大きく変わることがある。

雲画像

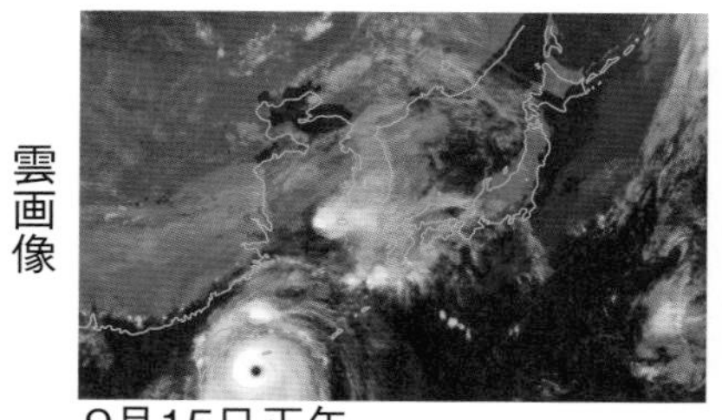
9月15日正午

9月16日正午

アメダスの雨量情報

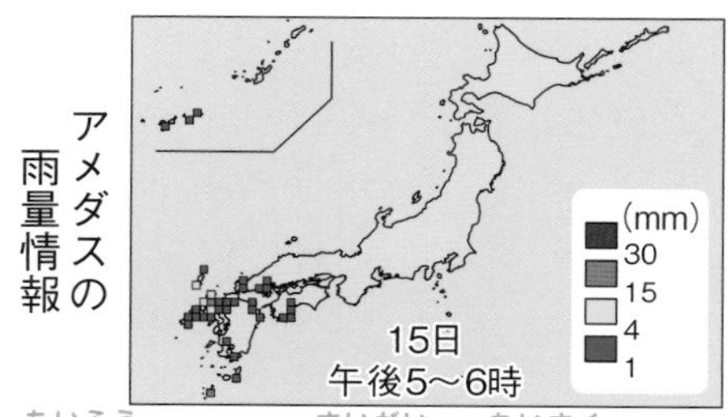

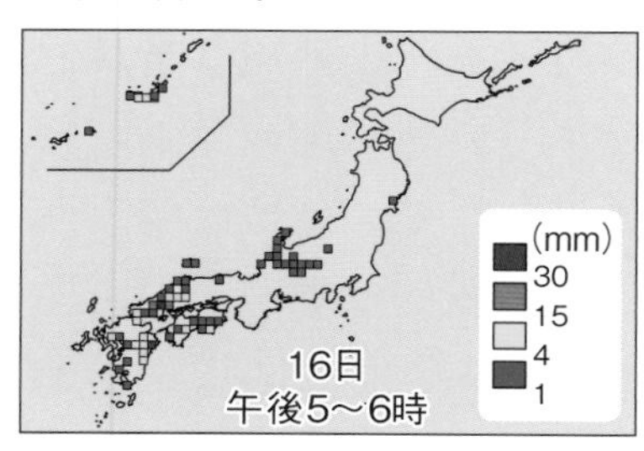

台風が通過すると，雨や風はおさまり，晴れることが多いよ。

●台風による災害と対策

❶台風の災害とめぐみ

●大雨で，土砂くずれやこう水などが起きることがある。

●強風で，木や電柱がたおれたり，農作物がひ害を受けたりする。

●大雨で，水不足が解消される。

❷台風への対策

●台風の動き方をテレビやインターネットなどで調べる。

●ハザードマップを参考にする。

●気象庁から注意報，警報，特別警報が出される。

キーポイント

▶台風は日本の南の海上で発生し，初めは西へ，やがて北や東へ動くことが多い。
▶台風が近づくと，強い風がふいたり大雨が降ったりして，災害が起きることがある。

1 下の図は，ある年の９月に，台風が日本付近に接近したときの２日間の雲画像です。あとの問いに答えましょう。

9月19日

9月20日

(1)　この台風は，９月１９日から２０日にかけてどの方位へ動きましたか。ア～エから選びましょう。（　　　）

ア　南東　　イ　南西　　ウ　北東　　エ　北西

(2)　㋐に台風が近づいたときと，台風が通り過ぎたあとは，それぞれどのような天気になりますか。

近づいたとき（　　　　　　　　　　　）

通り過ぎたあと（　　　　　　　　　　）

2 右の写真は，台風によって起こった災害を表しています。次の問いに答えましょう。

(1)　写真の災害は，おもに，大雨と強い風のどちらによる災害ですか。（　　　　）

(2)　台風による災害や現象としてあてはまるものを，ア～カから２つ選びましょう。（　　　　）

ア　高潮　　イ　地割れ　　ウ　土砂くずれ

エ　津波　　オ　なだれ　　カ　乾燥

(3)　過去の自然災害の例から，地域のひ害を予想して地図に表したものを何といいますか。

（　　　　　　　　）

中学へのステップアップ

日本にやってくる台風が，北上したあと東寄りに進路を変えるのは，偏西風の影響です。

6 台風

答え ▶ 7 ページ

ハイレベル

1 台風の動き方と天気の変化を調べました。あとの問いに答えましょう。

観察

観察1　台風の動き方を調べた。

台風が日本付近に接近したとき，連続した3日間の雲画像を調べたら，次のようになったよ。

観察2　雨の地域の変化を調べた。

アメダスの雨量情報をもとにして，その連続した3日間の雨の地域と雨の強さの変わり方を調べたよ。

㋐

㋑

㋒
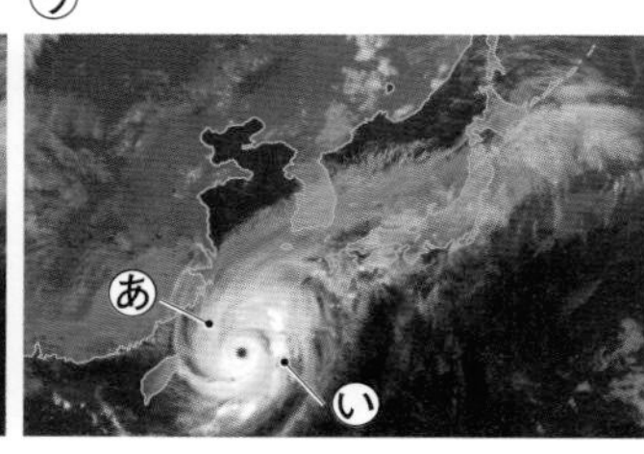

㋓
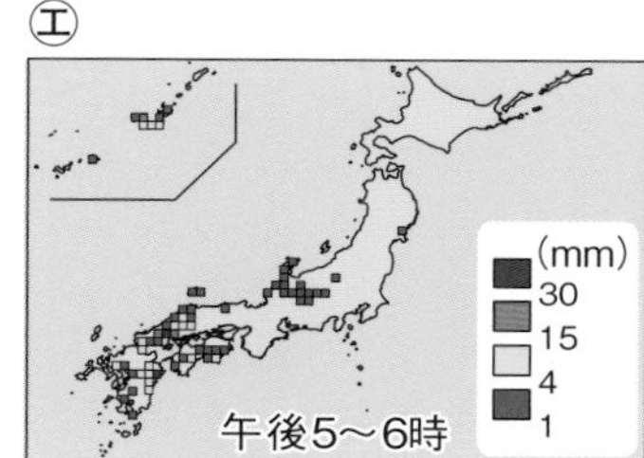

㋔
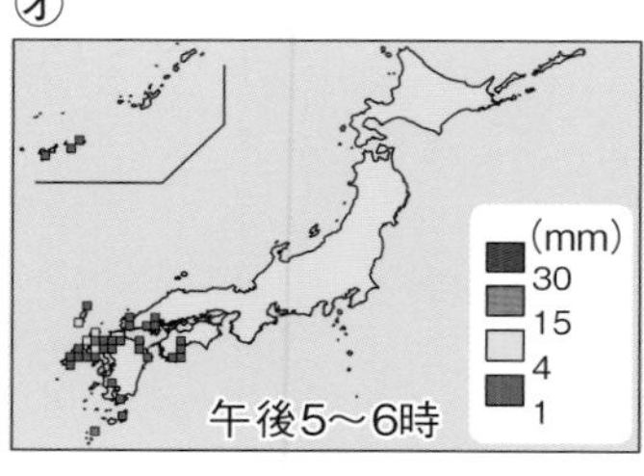

㋕
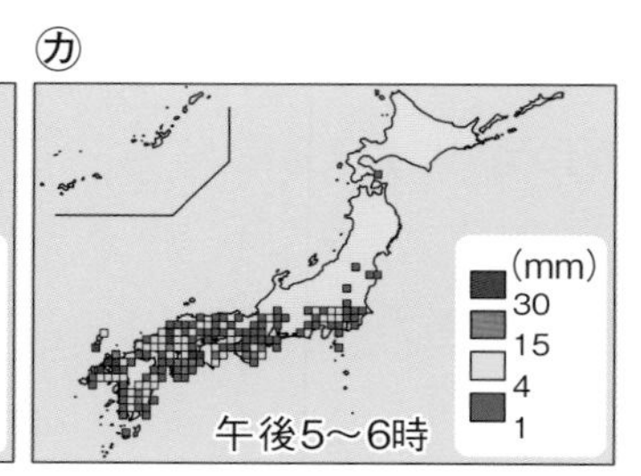

(1)　雲画像㋐～㋒を，日にちの早い順にならべましょう。

(　　→　　→　　)

(2)　雨量情報㋓～㋕を，日にちの早い順にならべましょう。　(　　→　　→　　)

(3)　雲画像㋒で，強い風がふいているのは，あ，いのうち，どちらの場所だと考えられますか。

(　　)

(4)　(3)のように考えたのは，なぜですか。

(　　　　)

思考力アップ

台風の風は，中心に向かって，時計の針の動きと逆向きにふきこんでいます。

2 次の写真は，台風による災害のようすです。あとの問いに答えましょう。

㋐

㋑

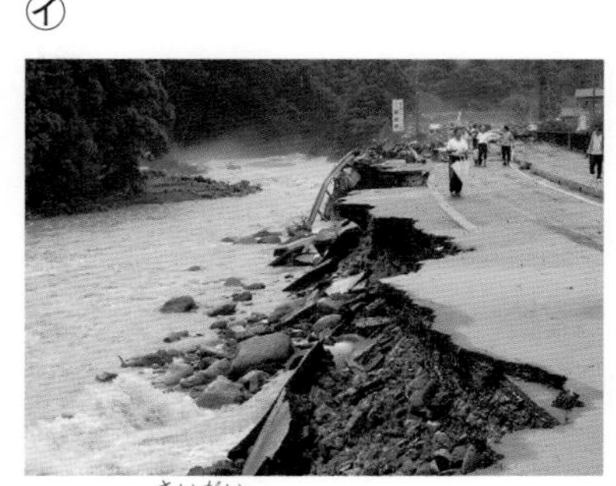

(1) ㋐，㋑は，それぞれ大雨，強い風のどちらによる災害ですか。

㋐（　　　　　　　　）　㋑（　　　　　　　　）

(2) 台風が近づいたとき，災害から身を守るのにどのようなことに注意しますか。「ハザードマップ」という言葉を使って書きましょう。

（　　　　　　　　　　　　　　　　　　　　）

(3) 台風で多くの雨が降ることは，めぐみになることもあります。それは，どのようなことですか。

（　　　　　　　　　　　　　　　　　　　　）

ホッとひといき

ひらがなにするとマス目の数と同じ文字数になる言葉をリストから選び，あてはめましょう。文字はたて，または横方向にならべ，重複して使ってもよいです。

リストの中で使用しない言葉のうちから，問題の答えをさがしましょう。

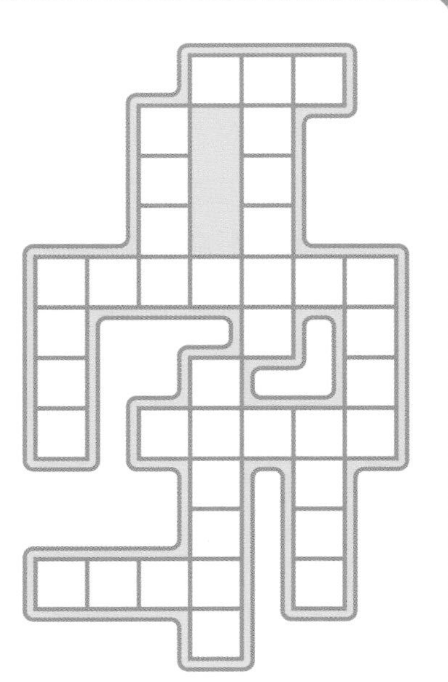

リスト

乱層雲	積乱雲
東	西
巻雲	ひまわり
温度計	百葉箱
アメダス	雲画像
こう水	季節
台風	風速

問題　日本全国の観測所で自動的に得られた観測データを集める，気象庁のシステムを何といいますか。

（　　　　　　　　）

チャレンジテスト

1 **太陽の高さや雲のようす，風のふき方などにより気温は変化します。次の図は，ある年の５月８日～10日の午前10時から午後３時までの気温の変化と雲のようす，風のふき方を調べたものです。あとの問いに答えましょう。ただし，答えは，それぞれの記号の中から選びましょう。**　1つ10〔50点〕

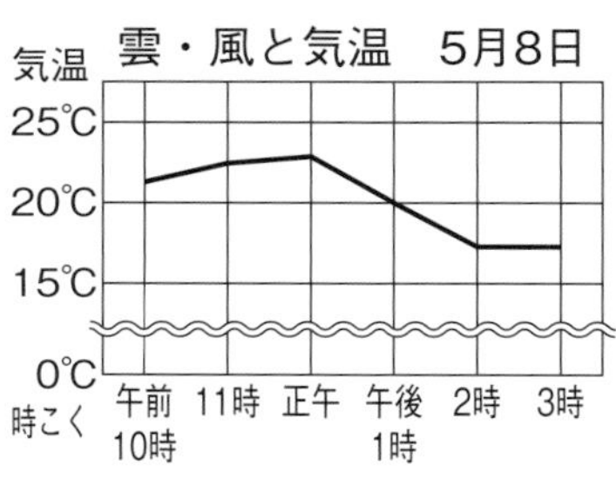

	午前10時	11時	正午	午後1時	2時	3時
天気	晴れ	晴れ	くもり	晴れ	晴れ	晴れ
雲	少ない。	少ない。	多い。	少ない。	少ない。	少ない。
風の向き						
風の強さ	強	強	強	強	強	強

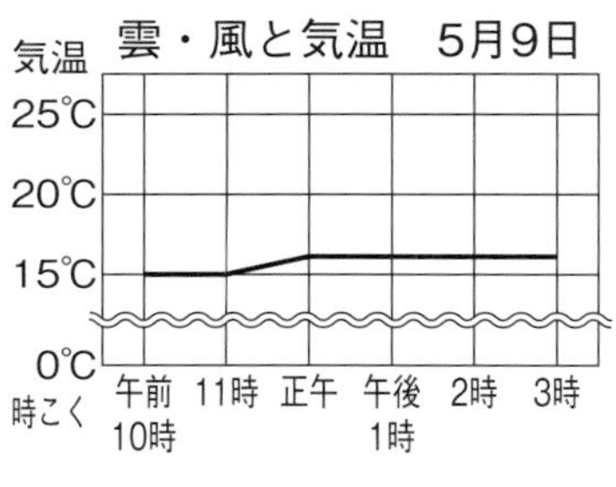

	午前10時	11時	正午	午後1時	2時	3時
天気	くもり	くもり	くもり	くもり	くもり	くもり
雲	多い。	多い。	多い。	多い。	多い。	多い。
風の向き						
風の強さ	強	中	中	中	弱	弱

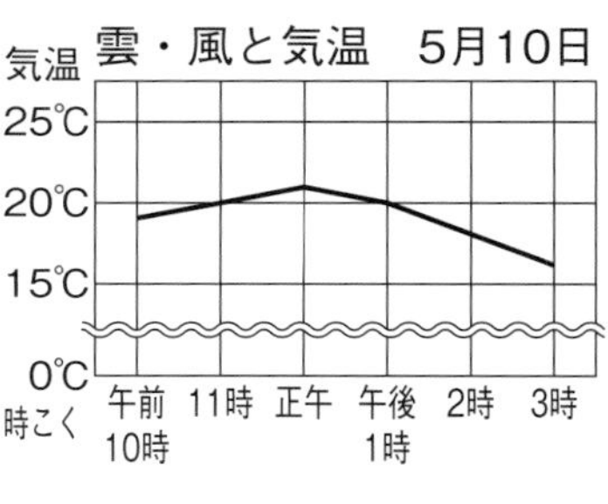

	午前10時	11時	正午	午後1時	2時	3時
天気	晴れ	晴れ	晴れ	くもり	くもり	くもり
雲	ない。	ない。	少ない。	多い。	多い。	多い。
風の向き						
風の強さ	中	強	強	強	中	中

(1)　5月８日に気温が正午から下がっているのはなぜですか。**ア**～**ウ**から選びましょう。　(　　　)

ア　雲が空をおおったから。

イ　風が北風に変わったから。

ウ　太陽が高くなったから。

(2)　5月９日はほとんど気温の変化がありません。そのおもな原因(げんいん)は何ですか。**ア**～**ウ**から選びましょう。　(　　　)

ア　雲が一日中多かったから。

イ　風の向きが変わったから。

ウ　風がだんだん弱くなっていったから。

(3)　5月８日～10日の午前10時から午後３時までの天気をまとめていうと，それぞれどうなりますか。**ア**～**エ**から選びましょう。

8日(　　　)　9日(　　　)　10日(　　　)

ア　晴れ　　**イ**　くもり

ウ　くもりのち晴れ

エ　晴れのちくもり

点

2 次の文を読んで，あとの問いに答えましょう。

1つ10〔50点〕

熱帯地方の海上で発生する熱帯低気圧のうち，中心部の風が，風速毎秒17.2m以上になったものを台風とよんでいます。台風は1年間に平均して約30個発生し，そのうち10個ほどが日本に接近します。さらにそのうちのいくつかは上陸し，毎年大きなひ害を出しています。右の図は，1959年に日本をおそった伊勢湾台風の進んだ経路を表したものです。図の中の数字は，観測地点での潮位の差をcm単位で表しています。

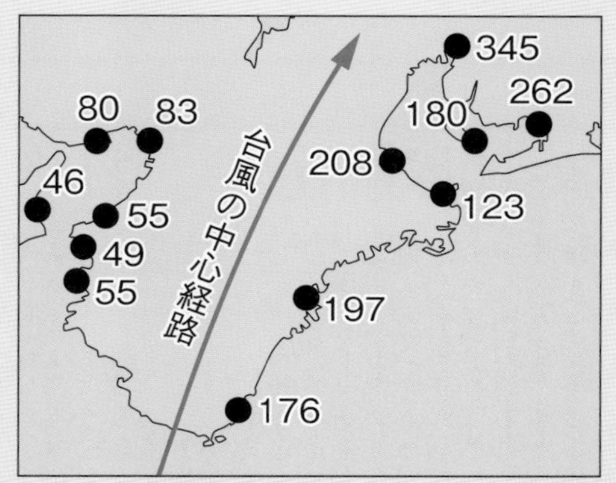

※潮位の差＝海面がもっとも高いときともっとも低いときの差。

(1) 図1の中で「208」と数値の書かれた観測地点で，台風の通過とともに風のふいてくる方向はどのように変化しますか。**ア**～**エ**から選びましょう。

（　　　）

ア　西→北→東　　**イ**　東→北→西
ウ　東→南→西　　**エ**　西→南→東

(2) 南に開いた湾では，台風が観測地点のどちら側を通過した場合に大きなひ害が出やすくなりますか。**ア**～**エ**から選びましょう。（　　　）

ア　東　**イ**　西　**ウ**　北　**エ**　南

(3) 右の図は，日本付近の雲画像から台風の部分だけをとり出したものです。台風の中心付近では，どのように風がふいていますか。風のふく向きに矢印を2本記入しましょう。

(4) 台風が日本海へ抜けた翌日の新聞に，「たいふういっか」という言葉が使われていました。

① 「たいふういっか」を漢字で書きましょう。（　　　）

② 「たいふういっか」の意味を説明しましょう。

（　　　）

答え▶9ページ

7 メダカのたんじょう

標準レベル

●メダカの飼い方

- 水そうは，**日光が直接当たらない明るいところ**に置く。
- 水がよごれたら，半分ぐらいの水を**くみ置きの水**と入れかえる。
- えさは，毎日1～2回食べ残しが出ないくらいの量をあたえる。
- めすとおすを同じ水そうに入れ，たまごがつきやすいように，**水草**を入れる。

●メダカのめすとおす

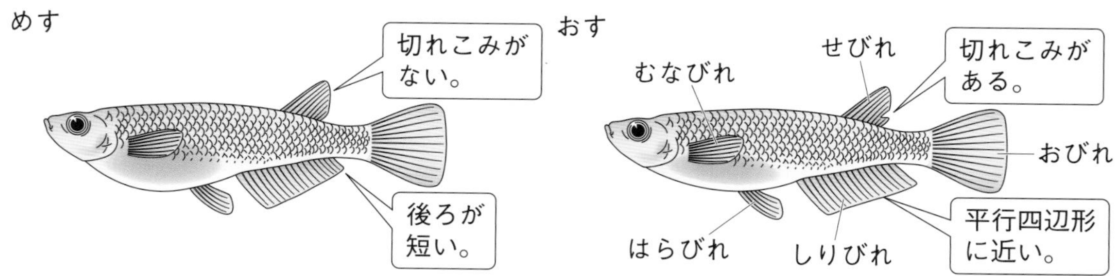

めすが産んだたまごが，おすが出した精子と結びつくことを**受精**といい，受精したたまごのことを**受精卵**という。

●メダカのたまごの変化

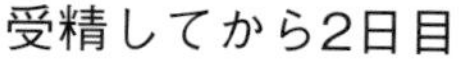

受精してから2日目

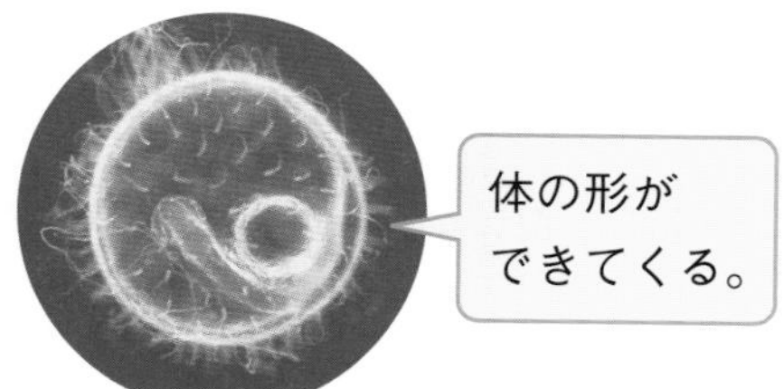

受精してから3日目

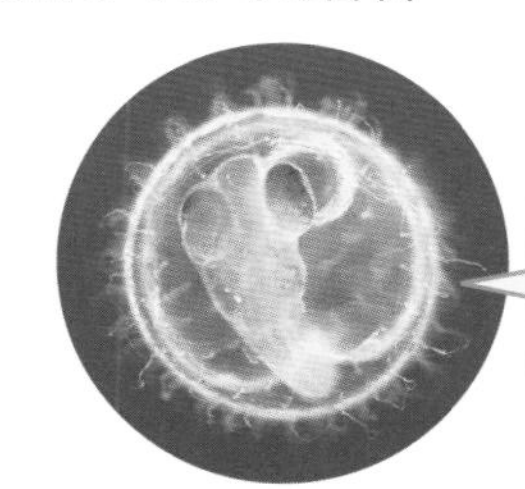

受精してから5日目

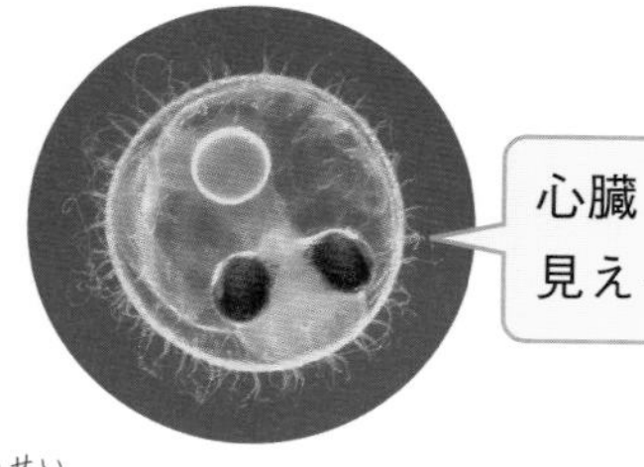

受精してから9日目

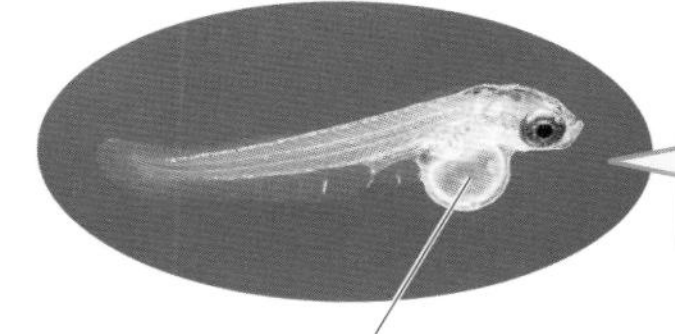

受精すると，たまごの中でメダカの体が少しずつできてきて，やがて，たまごのまくを破って，子メダカが出てくる。

たまごからかえった子メダカは，2～3日は**はらの中にある養分**を使って育つ。

キーポイント

▶たまごと精子が結びつくことを受精といい，受精したたまごを受精卵という。
▶たまごの中のメダカは，たまごの中にある養分を使って育っていく。

1 下の図は，メダカのめすとおすを表したものです。あとの問いに答えましょう。

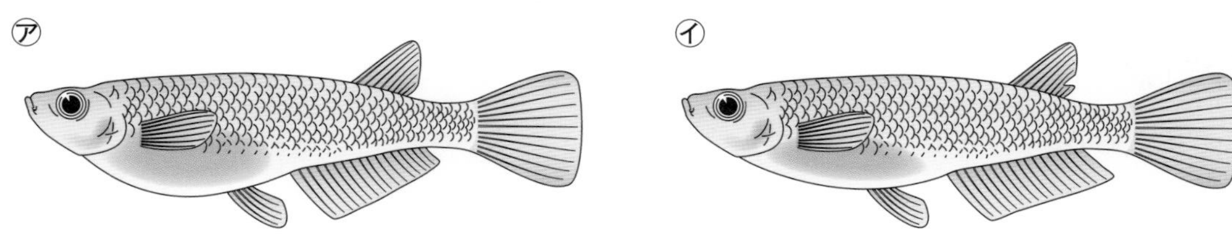

(1) メダカのおすは，㋐，㋑のどちらですか。（　　　）

(2) (1)のように答えたのは，なぜですか。ひれの名前を使って書きましょう。

（　　　　　　　　　　　　　　　　）

2 次の図は，メダカのたまごを解ぼうけんび鏡で観察したときのスケッチです。あとの問いに答えましょう。

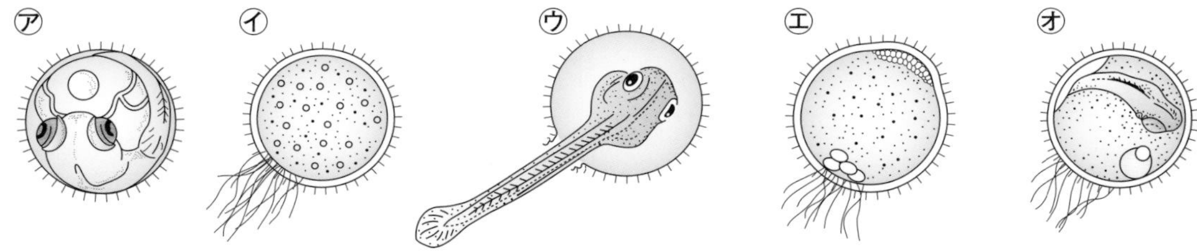

(1) 図の㋐～㋔を，たまごの変化の順にならべましょう。

（　→　→　→　→　）

(2) たまごの中のメダカは，水の中にあるえさをとっていますか，とっていませんか。（　　　）

(3) (2)から，たまごの中のメダカは，どのように成長していると考えられますか。

（　　　　　　　　　　　　）

(4) たまごからかえった子メダカは，どのような動きをしますか。**ア**～**ウ**から選びましょう。（　　）

ア　活発に動いて，えさをとり始める。

イ　底のほうで，じっとしている。

ウ　何も食べずに，動き回る。

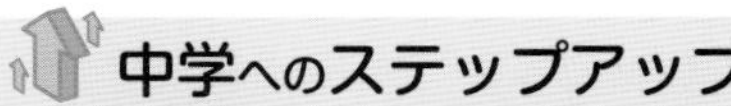

生物が子をつくってふえることを生殖といい，受精によって子をつくることを有性生殖といいます。

7 メダカのたんじょう

答え▶ 9 ページ

ハイレベル

1 **メダカがたまごを産むようにするには，どのように飼(か)えばよいかを話し合いました。あとの問いに答えましょう。**

観察

〔メダカの飼(か)い方〕

水そうは，①日光が直接(ちょくせつ)当たる明るいところに置いたほうがいいね。

たまごをたくさん産むように，水そうには②めすだけを入れようと思うけど，おすも入れたほうがいいだろうか？

水そうにはよくあらった小石や砂(すな)をしき，くみ置きの水を入れて，③水草も入れよう。

(1)　下線部①は，まちがっています。正しく書き直しましょう。

(　　　　　　　　)

(2)　右の図は，メダカのめすの体の一部をスケッチしたものです。せびれとしりびれはかかれていません。せびれとしりびれはどのような形をしていますか。それぞれを図にかき加えて，スケッチを完成させましょう。

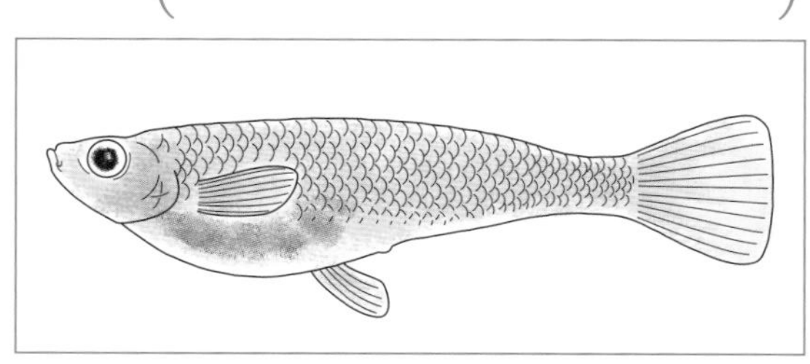

(3)　下線部②の答えとして正しいものを，**ア**～**ウ**から選びましょう。

(　　　　)

ア　めすだけを入れる。　**イ**　おすだけを入れる。

ウ　めすとおすを，同じ数ずつ入れる。

(4)　(3)のように答えたのは，なぜですか。「受精卵(じゅせいらん)」という言葉を使って書きましょう。

(　　　　　　　　　　　　　　　　)

(5)　下線部③のように，水草を入れるのはなぜですか。

(　　　　　　　　　　　　　　　　)

思考力アップ

メダカがたまごを産む条件(じょうけん)について，考えてみましょう。

❷ 右の図は，解ぼうけんび鏡を表したものです。次の問いに答えましょう。

(1) 解ぼうけんび鏡についてあてはまるものを，ア～エからすべて選びましょう。

（　　　　　　　　）

ア　両目で観察する。

イ　50～60倍に拡大して観察することができる。

ウ　ものを立体的に見ることができる。

エ　プレパラートをつくらなくても観察することができる。

(2) ㋐，㋑をそれぞれ何といいますか。

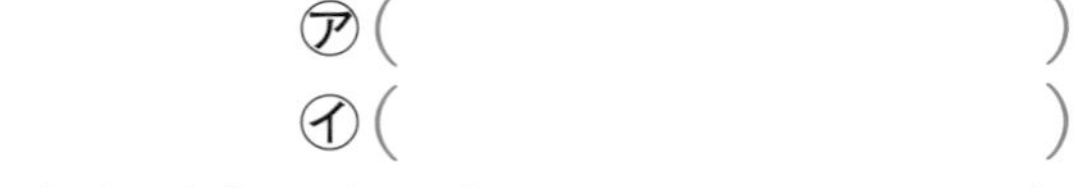

㋐（　　　　　　　　）

㋑（　　　　　　　　）

(3) 解ぼうけんび鏡の使い方について，ア～エを正しい順になるようにならべましょう。（　　→　　→　　→　　）

ア　観察するものをステージの中央にのせる。

イ　㋑の向きを変え，上からのぞいたときに見やすい明るさにする。

ウ　調節ねじを少しずつ回して，観察するものがはっきり見えるところで止める。

エ　日光が直接当たらない，明るい場所に解ぼうけんび鏡を置く。

❸ 右の図の㋐，㋑は，たまごからかえって間もない2ひきの子メダカのようすをスケッチしたものです。次の問いに答えましょう。

(1) 子メダカのはらのふくらんだ部分の(あ)には何が入っていますか。ア，イから選びましょう。（　　　）

ア　成長のための水分

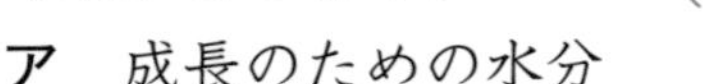

イ　成長のための養分

(2) たまごから先にかえったのは，㋐，㋑のどちらですか。（　　　）

(3) (2)のように答えたのは，なぜですか。

（　　　　　　　　　　　　　　　　　　　　）

(4) たまごからかえったばかりの子メダカが，2～3日の間，何も食べなくても生きていられるのはなぜですか。

（　　　　　　　　　　　　　　　　　　　　）

答え▶10ページ

8 ヒトのたんじょう

標準レベル

●受精してから生まれるまで

❶受精後
約4週目

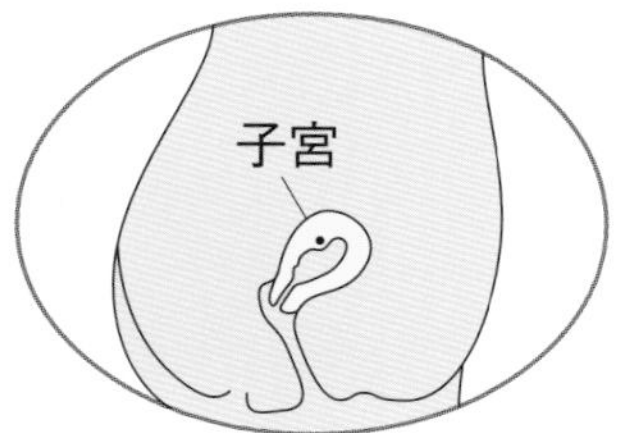

●**心臓**が動き始める。
約0.4cm。体重は約0.01g。

体の形は，どうやってできていくのかな？

❷約8週目

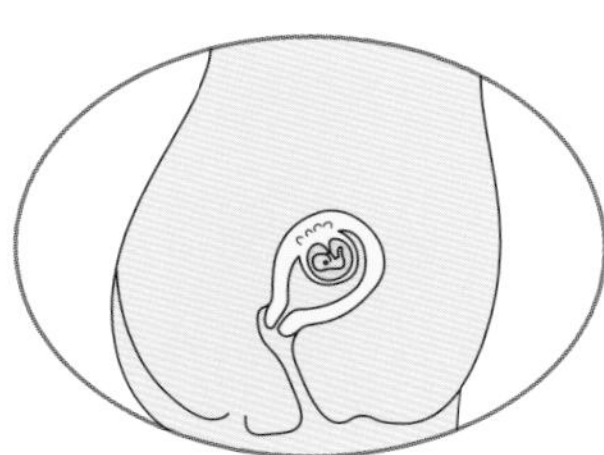

●**目や耳**ができてきて，**手やあし**の形がはっきりしてくる。
●体が**動き始める**。
約3cm。体重は約1g。

❸約24週目

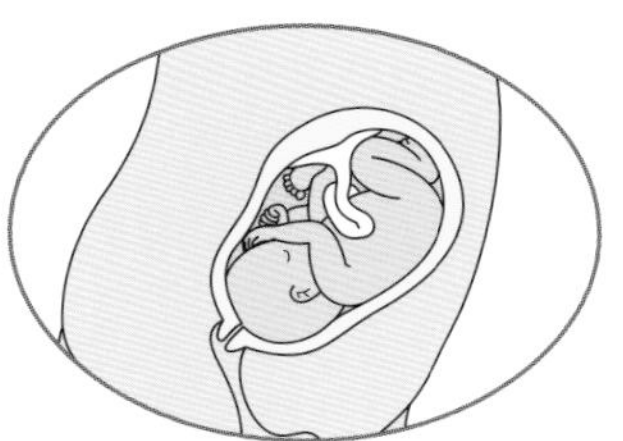

●心臓の動きが活発になり，**ほねやきん肉**が発達し，**活発に動く**ようになる。
体重は約800g，身長は約35cm。

❹約36週目

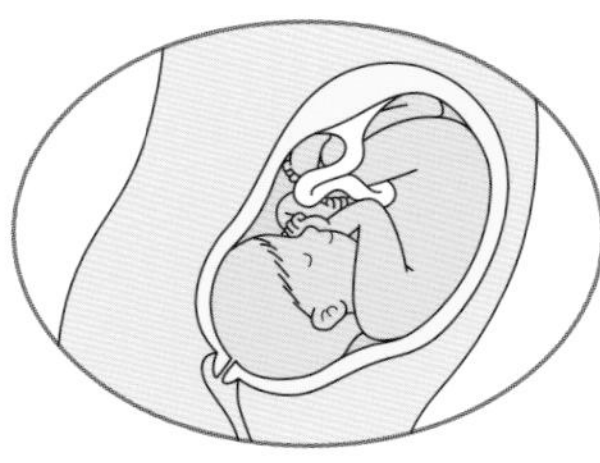

●子宮の中で**回転できないほど大きくなる。**
体重は約2700g，身長は約45cm。

●子宮の中のようす

●ヒトは受精して**約38週間**で子どもがたんじょうする。
●母親の体内では，子宮のかべにある**たいばん**から，**へそのお**を通して養分などを受けとり，いらなくなったものをわたしている。
●子宮の中の子どもは，子どものまわりを満たす**羊水**という液体で，外部からのしょうげきから守られている。

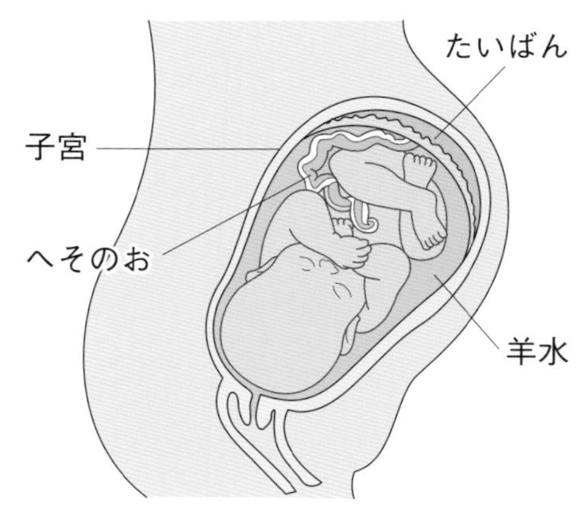

キーポイント

▶ヒトの子どもは，母親の子宮の中で，たいばんからへそのおを通して養分をとり入れて成長する。
▶ヒトの子どもは，受精(じゅせい)してから約38週（266日くらい）たつと，生まれてくる。

1 次の図は，受精(じゅせい)してから約4週目，約8週目，約24週目，約36週目のヒトの子どものようすを表したものです。あとの問いに答えましょう。

㋐
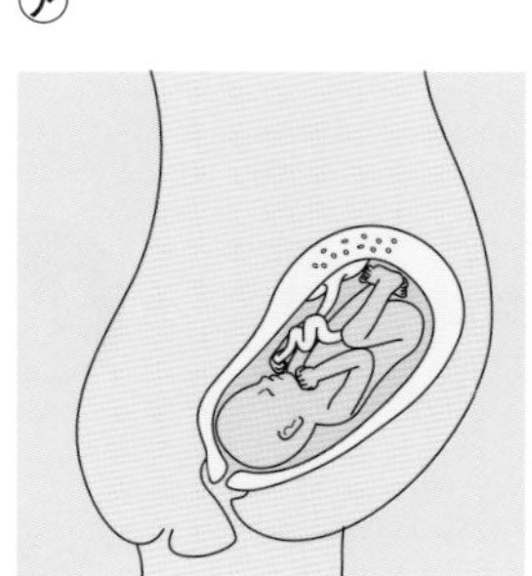
㋑
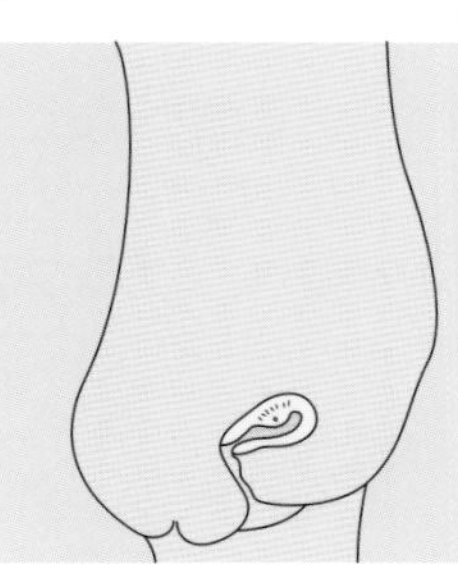
㋒
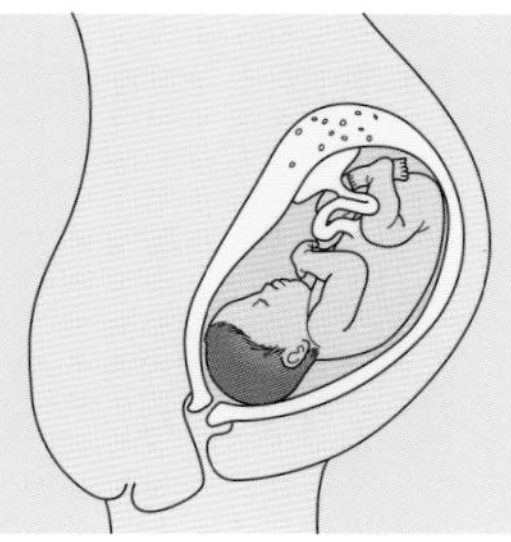
㋓
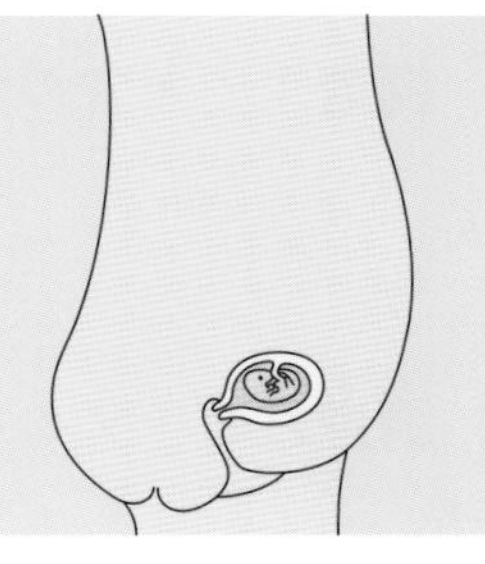

(1) 図の㋐～㋓を，ヒトの子どもが育つ順にならべましょう。
（　　→　　→　　→　　）

(2) 心臓(しんぞう)が動き始めるのは，㋐～㋓のどのころですか。（　　）

(3) ほねやきん肉が発達するのは，㋐～㋓のどのころですか。（　　）

2 右の図は，母親の体内にいる子どものようすを表しています。これについて，次の問いに答えましょう。

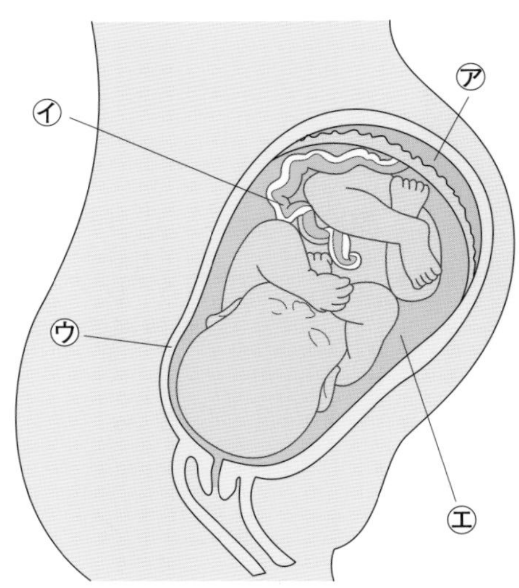

(1) 図の子どもは，母親から養分などを受けとったり，いらなくなったものを母親へわたしたりしています。その通り道になっている部分を，㋐～㋒から選びましょう。また，その名前を書きましょう。　記号（　　）
名前（　　）

(2) 子どもをとり囲(かこ)んでいる㋓の液体(えきたい)を何といいますか。（　　）

(3) (2)の液体(えきたい)には，どのようなはたらきがありますか。
（　　）

(4) 母親から生まれた子どもは，しばらくの間，何で育ちますか。
（　　）

中学へのステップアップ

1つの細胞(さいぼう)である受精卵(じゅせいらん)から，細胞分裂(さいぼうぶんれつ)によって細胞(さいぼう)の数が増(ふ)え，体のいろいろなつくりができていきます。

8 ヒトのたんじょう

答え▶10ページ

ハイレベル マスターしょう

1 **ヒトの子どもは，母親の体内でどのように育って，生まれてくるのかを調べることにしました。あとの問いに答えましょう。**

調査

調査1　子宮の中での子どもの育ち方について調べた。

体重の変化について調べ，グラフにまとめたよ。

調査2　子宮の中のようすについて調べた。

子宮の中のようすを図でまとめたよ。

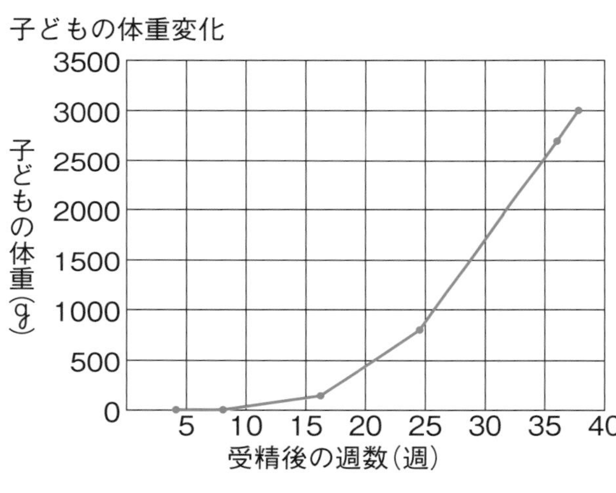

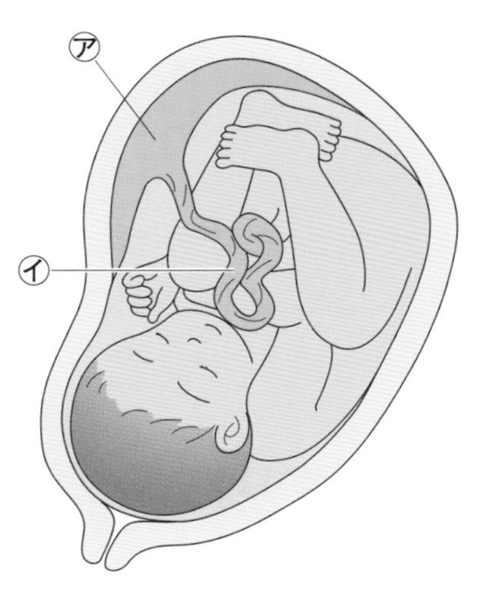

(1)　調査１のグラフから，子どもの体重変化がもっとも大きい時期を，**ア**～**ウ**から選びましょう。　(　　　)

ア　５週～10週　　**イ**　15週～20週　　**ウ**　25週～30週

(2)　調査２の図では，子どもは，㋐，㋑で母親とつながっています。㋐，㋑の名前を書きましょう。　㋐(　　　　)　㋑(　　　　)

(3)　子宮の中の子どもは，どのようにして養分を受けとっていますか。(2)で答えた名前を使って書きましょう。

(　　　　　　　　　　　　)

思考力アップ

調べた資料からわかることを，読みとれるようにしましょう。

❷ 右の図は，ヒトの卵（卵子）と精子のようすを表したものです。次の問いに答えましょう。

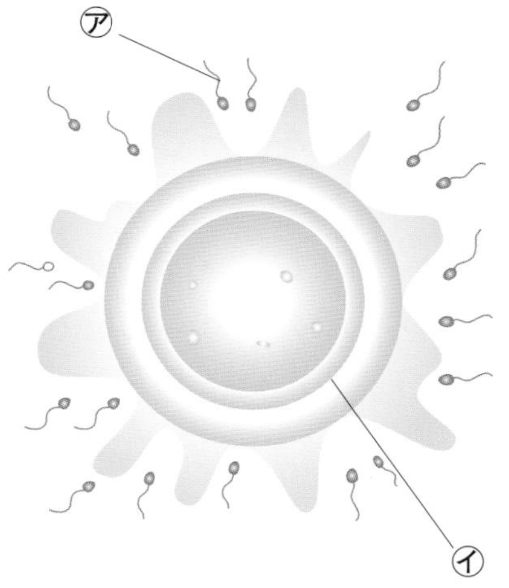

(1) 卵を表しているのは，㋐，㋑のどちらですか。
（　　　）

(2) 卵と精子が結びついてできたものを何といいますか。（　　　　　　　）

(3) (2)が育ち始めると，体のいろいろな部分ができてきます。次の①～④は，(2)ができてから約何週目に起こりますか。下の**ア**～**エ**から選びましょう。

① 心臓が動き始める。
（　　　）

② 子宮の中で体を回転させて，よく動くようになる。
（　　　）

③ 手やあしの形がはっきりわかるようになる。
（　　　）

④ かみの毛やつめが生えてくる。
（　　　）

ア 約4週目　**イ** 約8週目　**ウ** 約24週目　**エ** 約32週目

ちょこっとサイエンス

いろいろな動物も，ヒトと同じように，受精卵が母親の体内で育ち，生まれてきます。一度に生まれる数や大きさは，動物によってさまざまです。

◀パンダの赤ちゃん

パンダは，ふつう一度に1頭，体重は約100～150gで生まれてきます。ホッキョクグマは，ふつう一度に2頭，体重は約600gで生まれてきます。ハムスターは，一度に約4～9ひき，体重は約5gで生まれてきます。

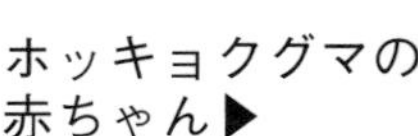

ホッキョクグマの赤ちゃん▶

母親の体内にいる期間も，動物の種類によってちがいます。パンダは13～24週間，ハムスターは約15日間です。

ほかの動物についても調べてみましょう。

◀ハムスターの赤ちゃん

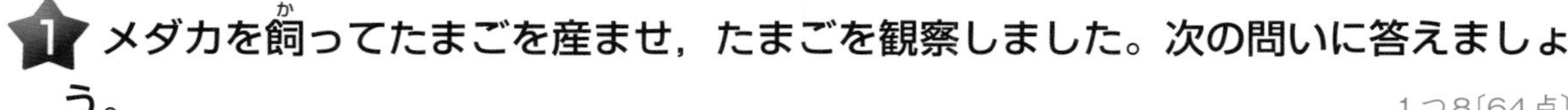

1 メダカを飼ってたまごを産ませ，たまごを観察しました。次の問いに答えましょう。

1つ8〔64点〕

(1) 図1は，メダカのめすを表しています。㋐～㋒のひれの名前をそれぞれ書きましょう。

㋐（　　　　　　）

㋑（　　　　　　）

㋒（　　　　　　）

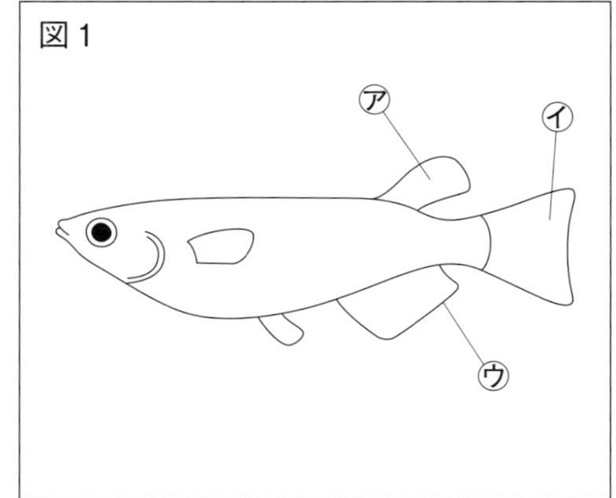

(2) 図2の㋐～㋒の部分にひれをかき，メダカのおすの図を完成させましょう。ただし，図中の点線は，めすのひれの形を表しています。

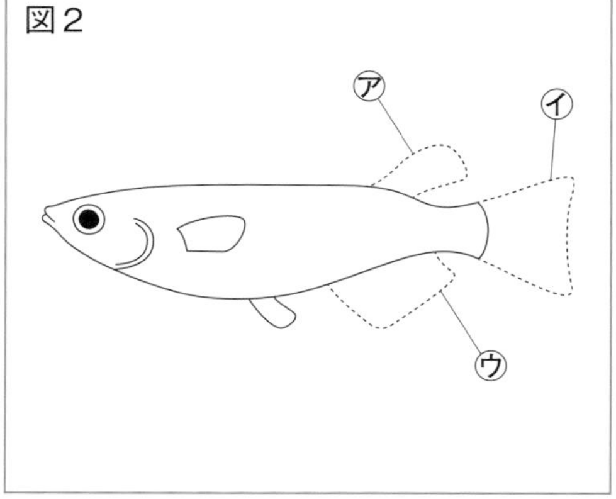

(3) メダカがたまごを産むときのようすについて，**ア～エ**を順にならべましょう。また，文中の□に入る言葉を書きましょう。

順番（　　→　　→　　→　　）

言葉（　　　　　　）

ア　おすは，めすによりそって，体をこすりつけるようにしたあと，□を出す。

イ　おすがめすを追いかける。

ウ　めすの産んだたまごに□がかかる。

エ　めすとおすが，ならんで泳ぐ。

(4) 図3は，メダカのたまごをスケッチしたものです。

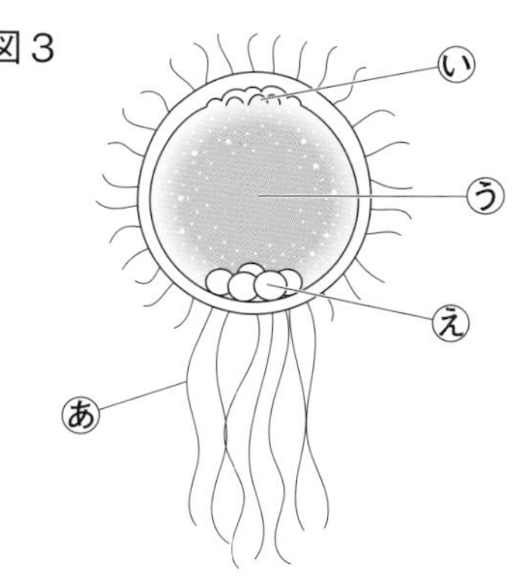

① あは，メダカのたまごについている毛のようなものです。どのようなはたらきをしますか。15字以内で書きましょう。

（　　　　　　　　　　）

② 大きく変化しながら，メダカの体になっていくのは，い～えのどの部分ですか。

（　　　）

点

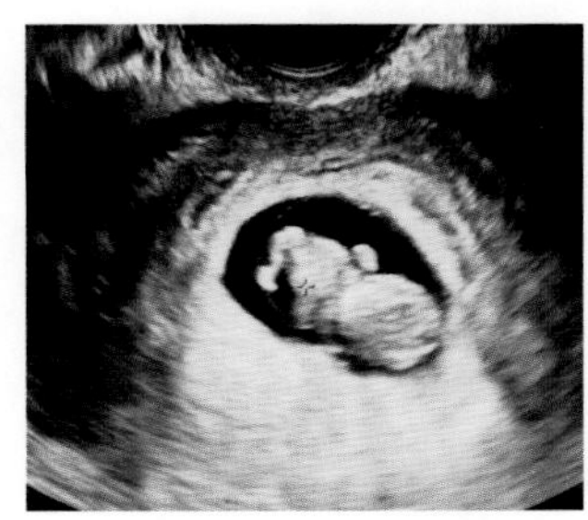

2 **右の写真は，ある装置を使って，ヒトの母親のおなかの中の子どものようすをうつしたものです。次の問いに答えましょう。**

1つ12〔36点〕

(1) この装置は，何を使っておなかの中の子どもをうつしていますか。**ア**～**エ**から選びましょう。

（　　　）

ア ちょう音波　**イ** X線　**ウ** 放射線　**エ** 赤外線

(2) ヒトのたんじょうについて，正しい文を**ア**～**エ**からすべて選びましょう。

（　　　）

ア メダカのたまごより，ヒトの受精卵のほうが小さい。

イ 受精卵の中には，ヒトの形を小さくしたようなものが入っており，それが子宮内で大きくなる。

ウ 母親のおなかをさわっても，子宮内の子どもの動きはわからない。

エ ふつう，受精後およそ38週間で子どもは生まれる。

(3) 次の文は，ヒトのたんじょうについての発表をするために，グループで話し合っているときの会話の一部です。□内に入る文として，もっともよいものはどれですか。下の**ア**～**オ**から選びましょう。

（　　　）

和人さん「陽子さんは何を調べてくれたのかな？」

陽子さん「子宮内の赤ちゃんが，どのようにして養分をもらっているのかを調べたのよ。」

和人さん「で，どうだった？」

陽子さん「まず，お母さんの血液が，へそのおを通って，赤ちゃんの体の中に入ってね，そして，赤ちゃんは，その血液から養分など必要なものをもらい，いらなくなったものを返しているんだって。」

和人さん「□」

ア だから，へそのおのあとがへそなんだね。

イ 赤ちゃんの体に血液が直接入るのだから，養分がもらいやすいはずだね。

ウ なあんだ。ぼくは，赤ちゃんを囲んでいる液体が養分だと思っていたよ。

エ そのしくみなら，養分のほかに日光をもらっていることも，納得できるね。

オ あれ，そうだったかな。ぼくが調べたのでは，赤ちゃんは，たいばんで母親から養分などをもらったり，いらなくなったものを返したりしているってことだったよ。

9 花のつくり

標準レベル　トライしよう

●ヘチマとアサガオの花のつくり

観察　ヘチマとアサガオの花のつくりを観察する

●ヘチマとアサガオの花のつくりを調べてみよう！

❶ヘチマとアサガオの花のつくりを観察する。

❷めしべとおしべを虫めがねで観察する。

注意
目をいためるので，虫めがねで絶対に太陽を見てはいけない。

結果

ヘチマの花

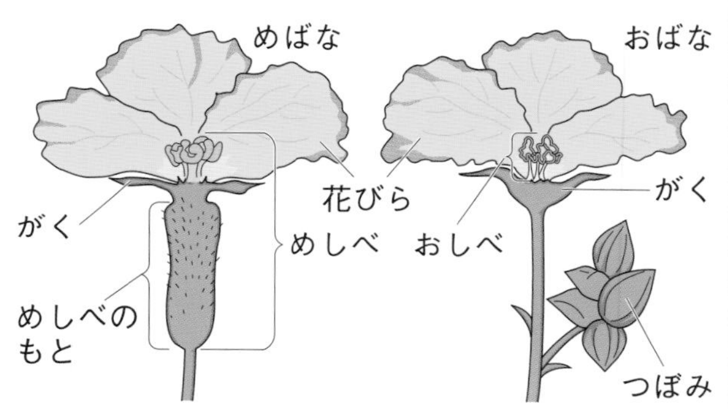

アサガオの花

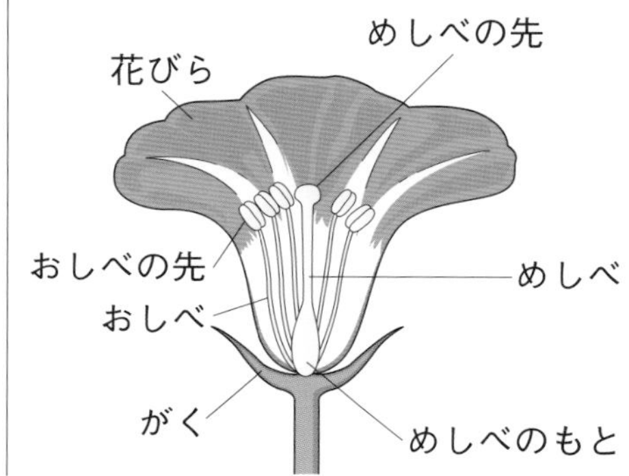

★考察

●ヘチマとアサガオの花の同じところ
- 花は，がく，花びら，おしべ，めしべなどの部分からできている。
- おしべで花粉がつくられる。
- めしべのもとのふくらんだ部分が育って実になる。

●ヘチマとアサガオの花のちがうところ
- ヘチマの花にはめばなとおばながあり，めばなにはめしべ，おばなにはおしべがある。
- アサガオは，１つの花にめしべとおしべがある。

おしべの先についている粉を**花粉**といい，花粉はおしべでつくられる。
花には，ヘチマのように，**めばな**と**おばな**があって，**めばなにめしべが，おばなにおしべがある**ものと，アサガオのように，**1つの花にめしべとおしべがある**ものがある。めしべのもとの部分が**実**になる。

キーポイント

▶花には，めばなとおばながあるものと，1つの花にめしべとおしべがあるものがある。
▶おしべの先についている粉を花粉といい，おしべでつくられる。

1 図1，2は，ヘチマの花のつくりを表したものです。次の問いに答えましょう。

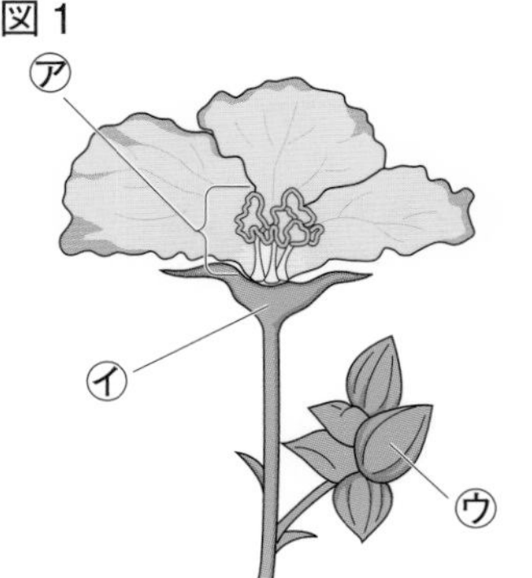

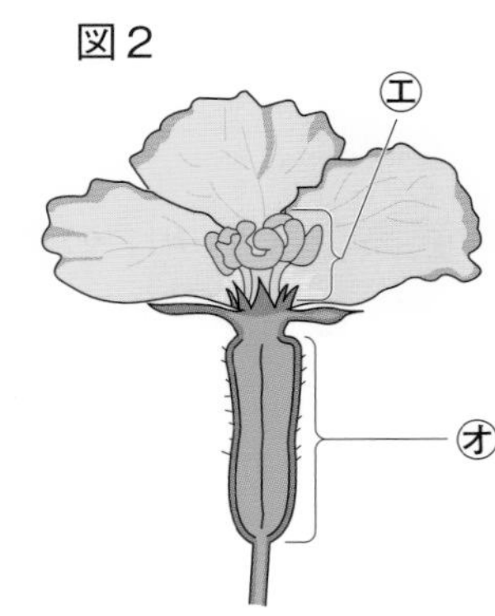

(1) 図1，2の花をそれぞれ何といいますか。
図1（　　　　　　）
図2（　　　　　　）

(2) 図1，2の花にない部分はどれですか。ア～エからそれぞれ選びましょう。
図1（　　　　）　図2（　　　　）

ア めしべ　**イ** 花びら　**ウ** おしべ　**エ** がく

(3) 育つと実になるのはどの部分ですか。図1，2の㋐～㋔から選びましょう。
（　　　）

(4) 図1の㋐の部分を何といいますか。（　　　　　　）

(5) 図1の花が㋐の部分をもつことから，図1の花にはどのようなはたらきがあると考えられますか。
（　　　　　　　　　　　　　　　　　　　　）

2 右の図は，アサガオの花を表したものです。次の問いに答えましょう。

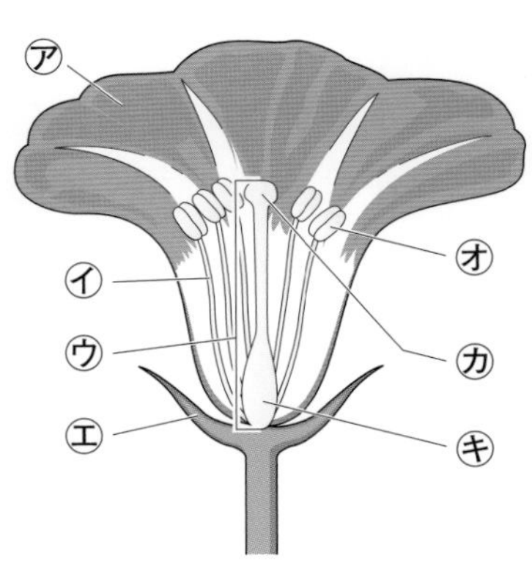

(1) 育つと実になる部分はどれですか。㋐～㋖から選びましょう。（　　　）

(2) 花粉が入っているのはどの部分ですか。㋐～㋖から選びましょう。（　　　）

(3) アサガオの花とヘチマの花を比べたとき，同じところはどこですか。ア～ウから選びましょう。

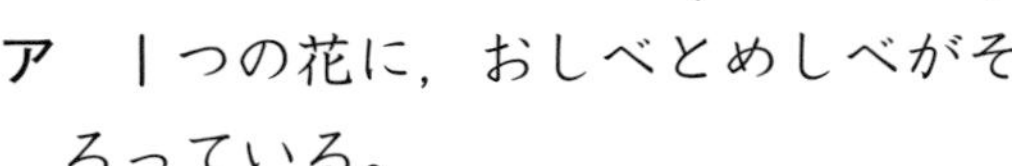

（　　　）

ア 1つの花に，おしべとめしべがそろっている。
イ おしべで花粉がつくられる。
ウ おしべのもとのふくらんだ部分が育って実になる。

中学へのステップアップ

めしべのもとのふくらんだ部分を子房といい，おしべの花粉がめしべの先につくことを受粉といいます。受粉が起こると，子房は成長して果実になります。中学では，実のことを果実といいます。

学習した日　　月　　日

9 花のつくり

答え▶12ページ

ハイレベル

1 ヘチマの花のつくりを調べました。あとの問いに答えましょう。

観察

観察1　ヘチマの花全体を観察する。

観察2　ヘチマの花を切り開いて，めしべとおしべを観察する。

ヘチマには①2種類の花があるよ。

さき終わったら，②地面に落ちてしまう花があるよ。落ちない花もあるけど，落ちる花と落ちない花は，何がちがうのだろう？

③実ができる花と実ができない花があるね。どこがちがうのだろう？

(1)　右の図は，下線部①の２種類の花をスケッチしたものです。それぞれの名前を書きましょう。

㋐（　　　　　　　　）

㋑（　　　　　　　　）

㋐　　㋑

(2)　下線部②の地面に落ちてしまう花は，図の㋐，㋑のどちらですか。（　　　）

(3)　(2)のように考えたのは，なぜですか。

（　　　　　　　　　　　　　　　　　　　　）

(4)　下線部③の実ができる花は，図の㋐，㋑のどちらですか。（　　　）

(5)　(4)のように考えたのは，なぜですか。

（　　　　　　　　　　　　　　　　　　　　）

(6)　おしべでつくられる花粉（かふん）が，めしべの先にもありました。それはなぜですか。

（　　　　　　　　　　　　　　　　　　　　）

思考力アップ

２種類のものを比（くら）べるときは，同じところとちがうところを整理しましょう。

2 **図1のようなけんび鏡を使って，ヘチマとアサガオの花粉を観察しました。図2は，このときのプレパラートと見えた花粉の位置を表したものです。次の問いに答えましょう。**

(1)　図１のけんび鏡は，何倍に拡大して観察することができますか。**ア**～**ウ**から選びましょう。

（　　　　）

ア　10～20倍　　**イ**　20～40倍

ウ　40～600倍

図1

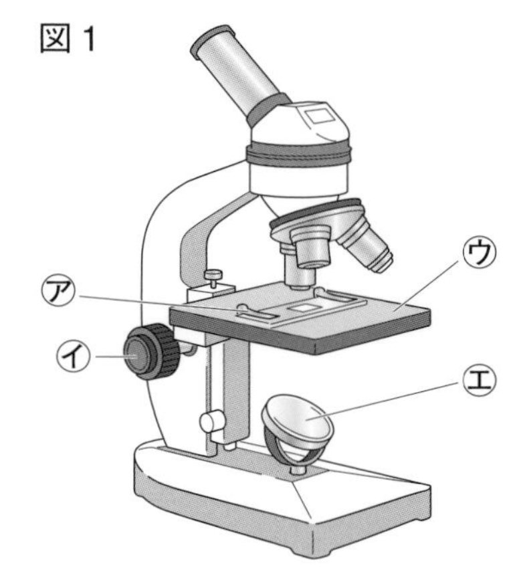

(2)　図１の㋐～㋓をそれぞれ何といいますか。

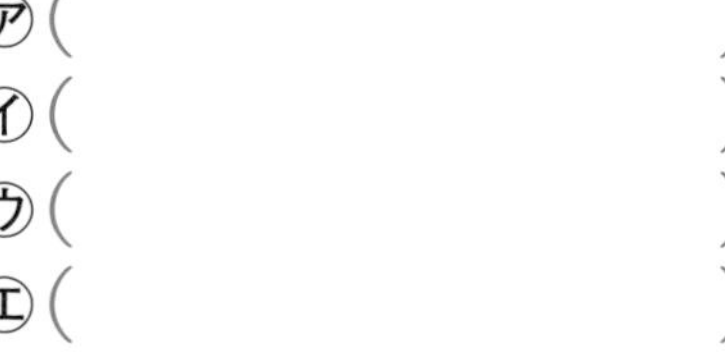

㋐（　　　　　　　　　）

㋑（　　　　　　　　　）

㋒（　　　　　　　　　）

㋓（　　　　　　　　　）

(3)　次の**ア**～**エ**は，図１のけんび鏡の使い方について書いたものです。正しい順になるように**ア**～**エ**をならべましょう。

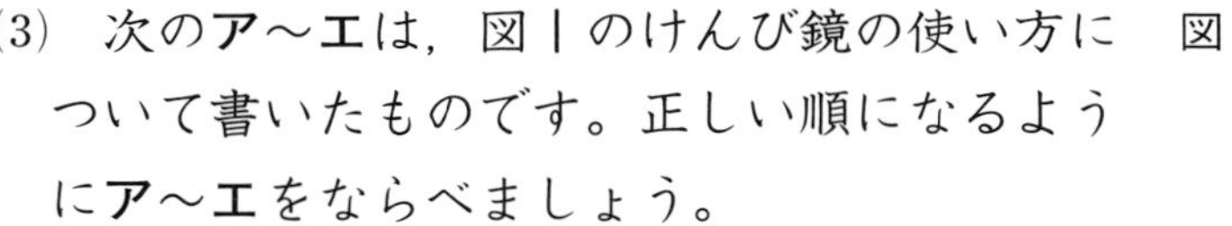

（　　　→　　　→　　　→　　　）

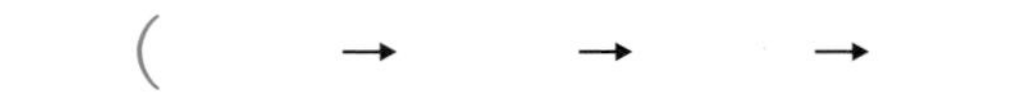

ア　プレパラートを㋒に置き，㋐でとめる。

イ　真横から見ながら㋑を回して，対物レンズとプレパラートを近づける。

ウ　接眼レンズをのぞきながら，㋓を動かして，明るく見えるようにする。

エ　接眼レンズをのぞきながら㋑を少しずつ回して，対物レンズをプレパラートから遠ざけていき，はっきり見えるところで止める。

図2

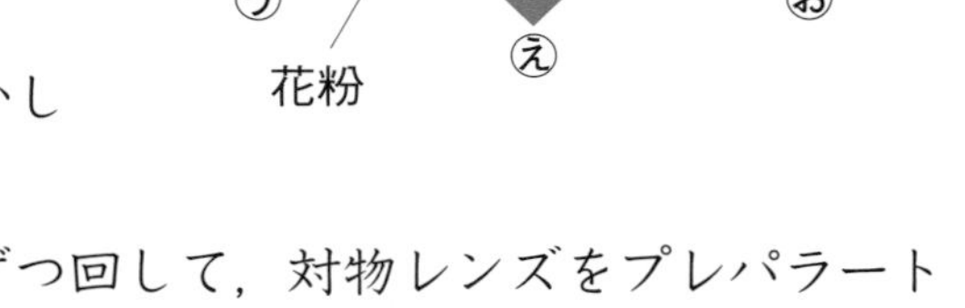

(4)　図2の花粉を中央に動かすには，プレパラートを㋐～㋗のどの向きに動かせばよいですか。

（　　　　）

(5)　倍率が15倍の接眼レンズと倍率が10倍の対物レンズを使うと，けんび鏡の倍率は何倍になりますか。（　　　　）

(6)　図3は，アサガオの花粉とヘチマの花粉をけんび鏡で見たものです。ヘチマの花粉は，Ⓐ，Ⓑのどちらですか。（　　　）

図3

Ⓐ

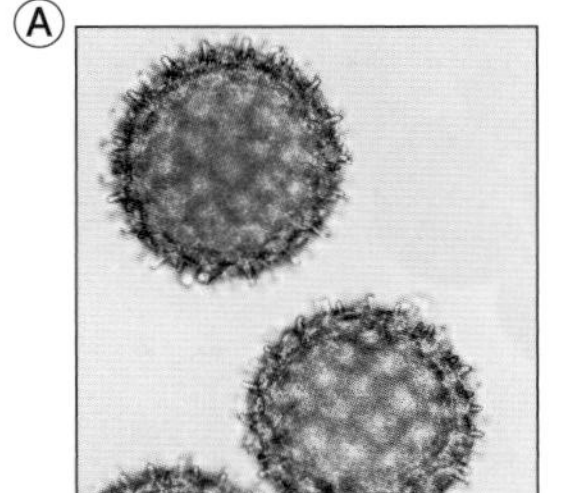

Ⓑ

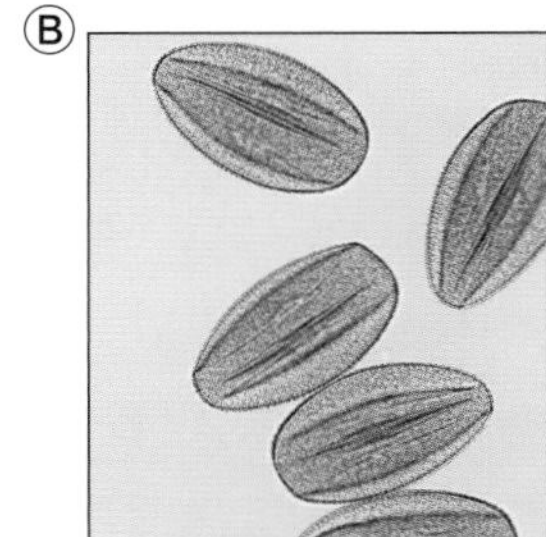

答え▶13ページ

10 花から実へ

標準レベル

●花粉のはたらき

実験 花粉のはたらきを調べる

●ヘチマの実ができるためには受粉が必要かどうかを調べてみよう！

❶次の日にさきそうなめばなのつぼみを2つ選び，ふくろをかぶせる。

❷花がさいたら㋐のめしべの先に花粉をつけ，もう一度ふくろをかぶせる。㋑は花粉をつけずに，ふくろをかぶせたままにする。

❸㋐，㋑に実ができるかどうかを調べる。

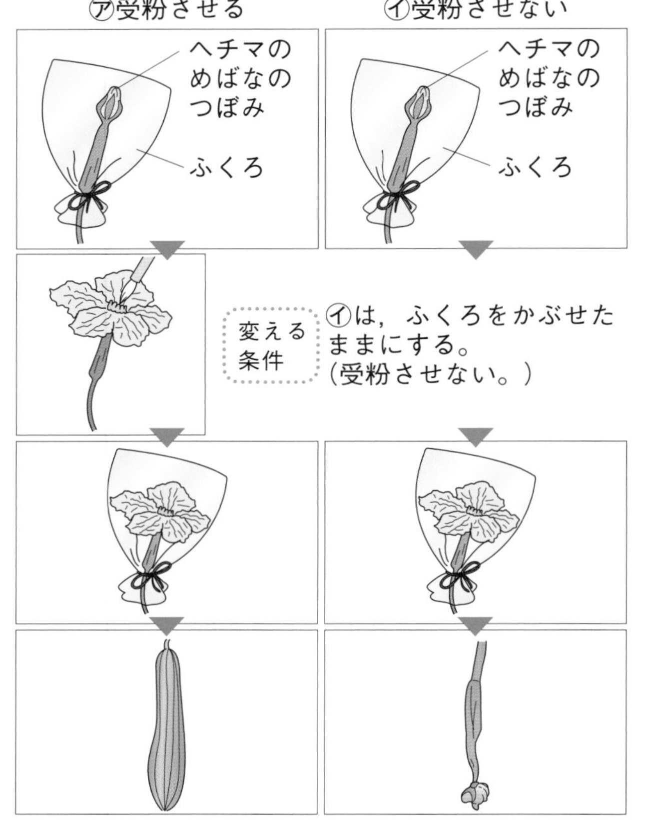

結果

- 受粉させた花は，めしべのもとの部分がふくらんで実になった。
- 受粉させなかった花は，実にならなかった。

★考察

めしべのもとの部分が実になるには，受粉が必要である。

実ができるためには，**受粉**が必要である。
受粉すると，めしべのもとの部分が実になり，中に種子ができる。
種子が発芽し，育って花をさかせ，再び種子をつくることで，植物は生命をつないでいく。

受粉しためばな　めしべのもとの部分が**実になる**。
受粉しなかっためばな　めしべのもとの部分が**実にならない**。

キーポイント

▶めしべのもとの部分が実になるためには，受粉(じゅふん)が必要である。
▶実の中には種子(しゅし)ができ，その種子(しゅし)が育っていくことで生命が受けつがれていく。

1 次の日にさきそうなヘチマのつぼみを２つ選び，下の図のようにふくろをかぶせました。あとの問いに答えましょう。

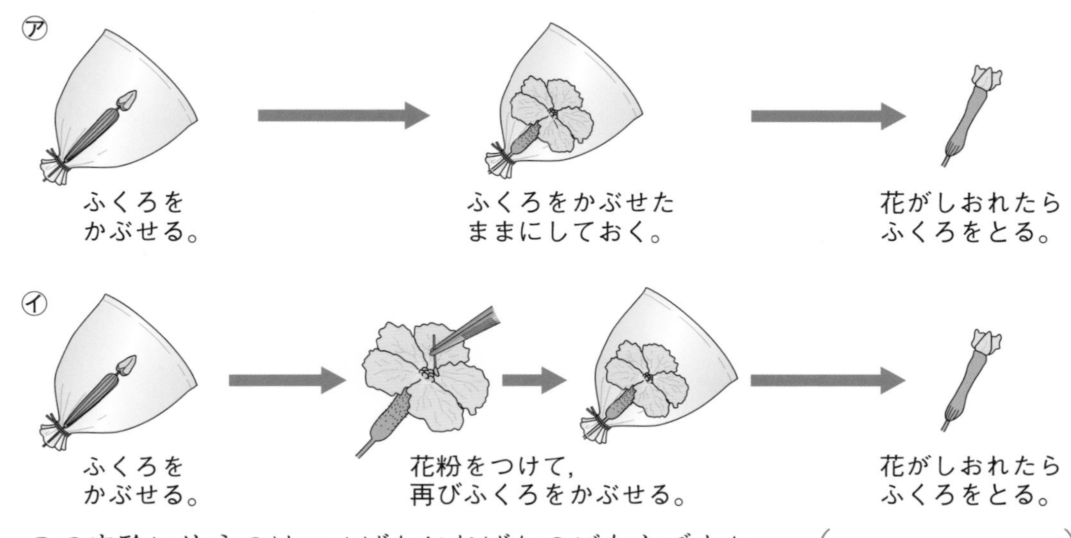

(1)　この実験に使うのは，めばなとおばなのどちらですか。　(　　　　　　　)

(2)　この実験で，花にふくろをかぶせるのはなぜですか。
(　　　　　　　　　　　　　　　　　　　　　　　　　　　　)

(3)　㋐，㋑の結果は，それぞれどうなりましたか。「実が」に続けて書きましょう。
㋐実が(　　　　　　　　　　)　㋑実が(　　　　　　　　　　)

(4)　㋐，㋑の結果を比(くら)べると，ヘチマの実ができるためには何が必要であると考えられますか。　(　　　　　　　)

2 右の図は，花がさいた後のヘチマのめばなのようすを表したものです。次の問いに答えましょう。

(1)　㋐が大きく育ったのはなぜですか。
(　　　　　　　　　　　　　　　　　　　　)

(2)　実の中には，何ができていますか。
(　　　　　　　　　)

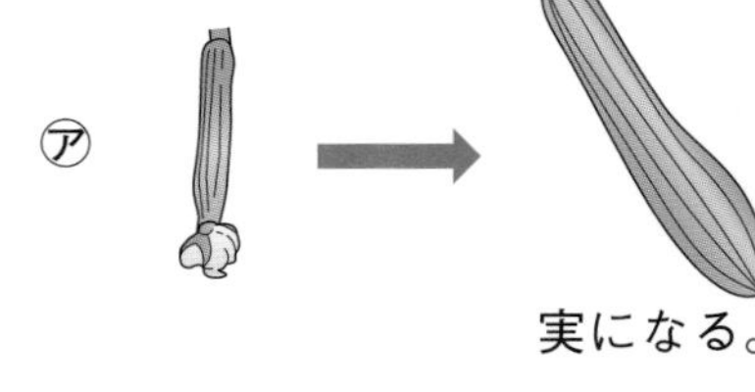

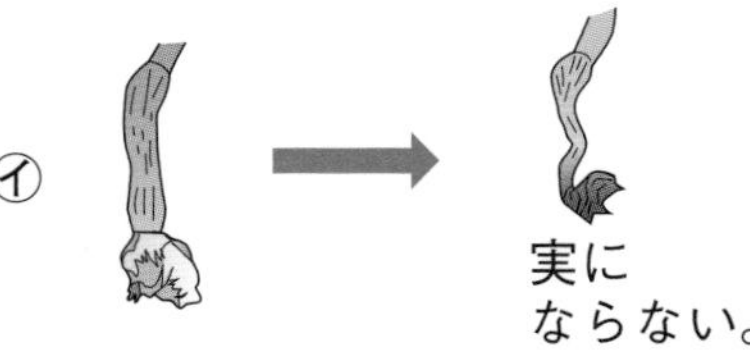

中学へのステップアップ

受粉(じゅふん)が起こると，めしべのふくらんだ部分（子房(しぼう)）の中にある胚珠(はいしゅ)が種子(しゅし)になり，その種子(しゅし)が地面に落ちて発芽(はつが)し，次の世代(せだい)の植物になります。

10 花から実へ

答え▶13ページ

ハイレベル

1 **アサガオの花に実ができる条件を調べるため，次の実験を計画しました。あとの問いに答えましょう。**

実験

実験1　次の日にさきそうなアサガオのつぼみのおしべを，全部とり，ふくろをかぶせる。

実験2　花がさいたら，ふくろをはずし，アサガオの花粉をめしべの先につけ，再びふくろをかぶせる。

実験3　花がしぼむまで，ふくろをかぶせたままにしておく。

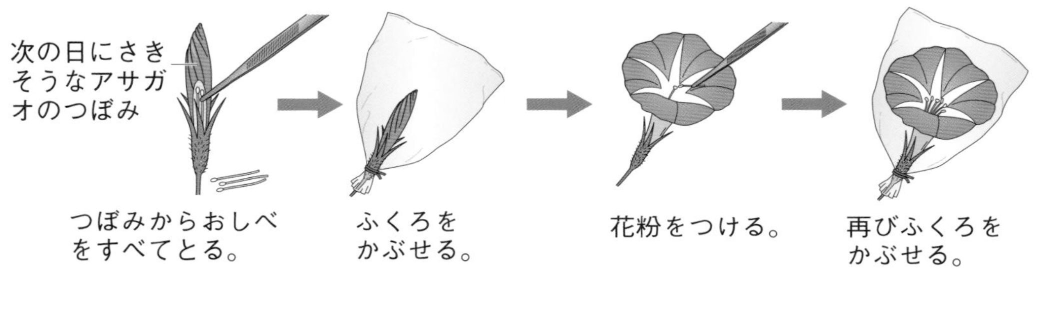

(1)　この実験では，実ができますか。　(　　　　　)

(2)　この実験だけでは，受粉と実ができることとの関係はわかりません。そのため，もう1つの実験をして比べる必要があります。

①　もう1つの実験では，花粉とふくろはどのようにしたらよいですか。それぞれ書きましょう。

花粉(　　　　　)

ふくろ(　　　　　)

②　①のようにしたもう1つの実験では，実はできますか。

(　　　　　)

(3)　実の中には種子ができます。種子は，植物にとってどのようなはたらきがありますか。

(　　　　　)

思考力アップ

2つの実験を比較するときは，調べたい条件だけを変えましょう。

2 図1は，トウモロコシとコスモスの花の写真です。図2は，さまざまな植物の花粉をけんび鏡で観察したときのようすを表したものです。あとの問いに答えましょう。

図1

トウモロコシ

おばなの集まり　めばなの集まり　コスモス

図2

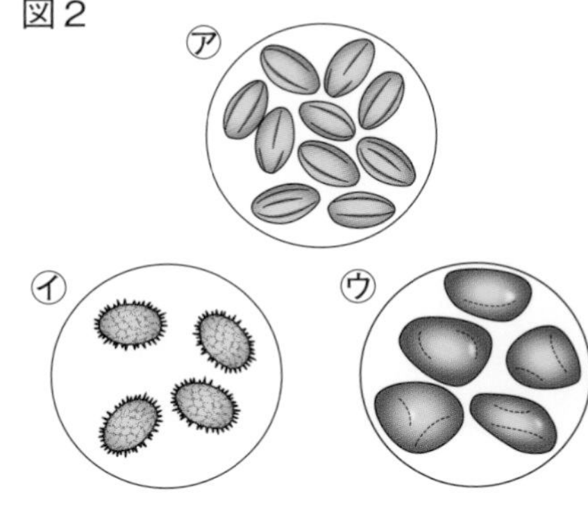

(1) トウモロコシとコスモスの花粉を，図2の㋐～㋒から選びましょう。

トウモロコシ（　　　）　コスモス（　　　）

(2) 花粉は，運ばれやすいような形をしています。トウモロコシとコスモスの花粉は，それぞれどのようにして運ばれますか。

トウモロコシ（　　　　　　　　　　）

コスモス（　　　　　　　　　　）

ホッとひといき

右の図は，けんび鏡を表しています。❶～❻の部分を示す言葉を，下のマス目の中から探しましょう。文字は，たてまたは横の方向にならんでいます。文字は1度しか使用しません。❶～❻の言葉を見つけたあと，使われなかった文字でできる植物の花粉を㋐～㋒から選びましょう。

（　　　）

は	ん	し	ゃ	ま
せ	た	い	ぶ	つ
つ	へ	あ	ー	む
が	く	り	っ	ぷ
ん		ち	つ	つ

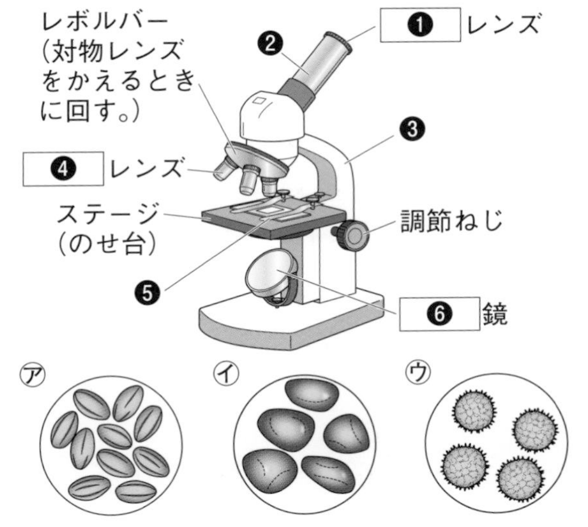

学習した日　　月　　日

時間 30分　答え▶14ページ

チャレンジテスト

1 **図1，2は，ヘチマのかぶにさいた2種類の花のつくりを表しています。この花を使って，次の実験1，2を行いました。あとの問いに答えましょう。**

1つ12〔60点〕

図1　図2

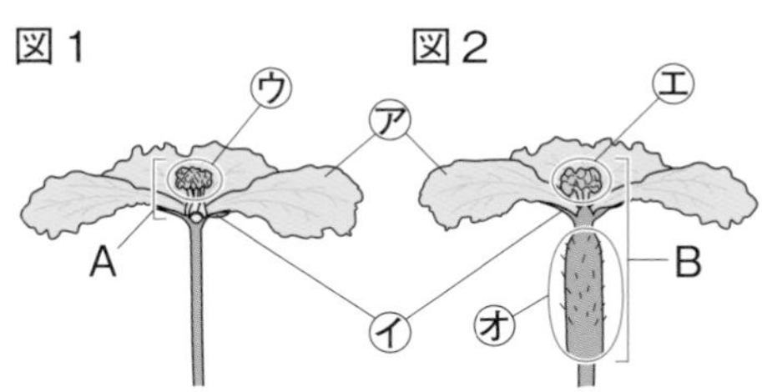

【実験1】

翌日(よくじつ)さきそうな図2の花にふくろをかける。 → ふくろをとり花粉をめしべの先につける。 → 花粉をつけたら，また，ふくろをかける。 → 花がしぼんだら，ふくろをとる。

【実験2】

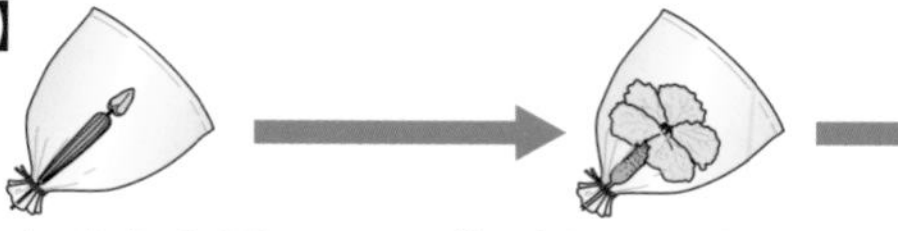

翌日(よくじつ)さきそうな図2の花にふくろをかける。 → 花がさいても，ふくろをかけたままにしておく。 → 花がしぼんだら，ふくろをとる。

(1)　図1の花と図2のBの部分の名前を，それぞれ何といいますか。**ア～エ**から選びましょう。　(　　　)

ア　図1の花…おばな　図2のBの部分…めしべ
イ　図1の花…おばな　図2のBの部分…おしべ
ウ　図1の花…めばな　図2のBの部分…おしべ
エ　図1の花…めばな　図2のBの部分…めしべ

(2)　実験1，2を行ったヘチマの花は，1週間後どのようになっていると考えられますか。**ア～エ**から選びましょう。　(　　　)

ア　実験1，実験2の花は，両方とも実ができる。
イ　実験1，実験2の花は，両方とも実ができない。
ウ　実験1の花には実ができ，実験2の花には実ができない。
エ　実験2の花には実ができ，実験1の花には実ができない。

(3)　実験2で，ヘチマの花がさいてもふくろをかけたままにしておくのはなぜですか。

(　　　　　　　　　　　　　　　　　　　　　　)

(4)　図1，2のヘチマの花で，実になっていくのはどの部分ですか。図の㋐～㋔から選びましょう。　(　　　)

(5)　図1，2のヘチマの花で，もともと花粉(かふん)はどの部分にありましたか。図の㋐～㋔から選びましょう。　(　　　)

得点　　点

2 右の図のように，トウモロコシはくきの先におばなが集まったものがススキのほのようにさき，下のほうにめばなが集まってさきます。めばなはひげのように長くのびためしべからなり，たくさん集まって皮(かわ)につつまれています。花粉(かふん)がめしべの先につくと，めしべのもとが１つぶの実に変化します。次の問いに答えましょう。

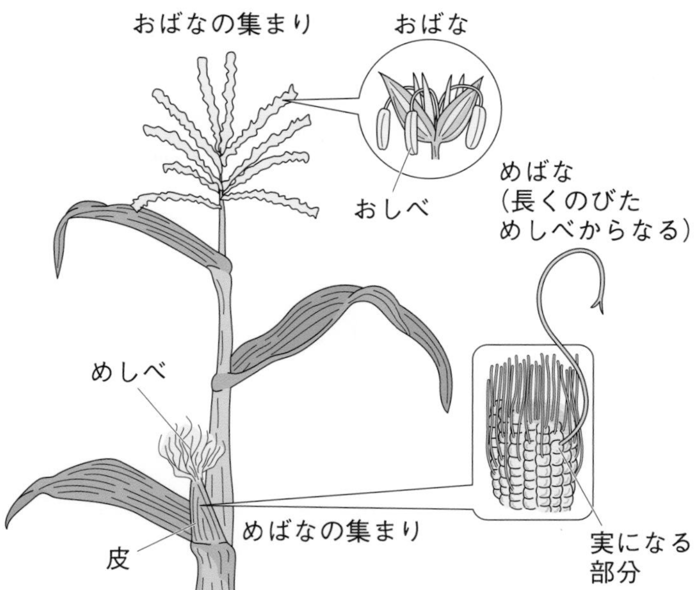

１つ10〔40点〕

(1) トウモロコシの花粉(かふん)のスケッチを，㋐～㋓から選びましょう。（　　　）

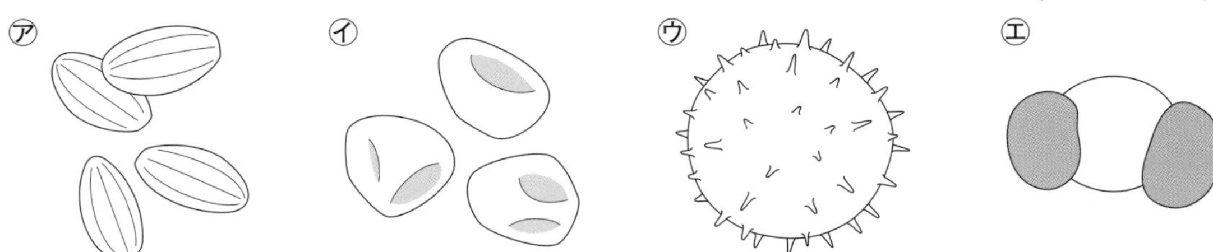

(2) トウモロコシの花粉(かふん)は，何によってめばなまで運ばれますか。**ア～エ**から選びましょう。（　　　）

ア こん虫　**イ** 水　**ウ** 鳥　**エ** 風

(3) トウモロコシの花は，同じかぶにおばなとめばながさきます。これと同じ花のつけ方をする植物を，**ア～エ**から選びましょう。（　　　）

ア イネ　**イ** アブラナ　**ウ** カボチャ　**エ** チューリップ

(4) トウモロコシは，おもに，ほかのかぶの花粉(かふん)を受粉(じゅふん)します。同じかぶの花粉(かふん)を受粉(じゅふん)するより，ほかのかぶの花粉(かふん)を受粉(じゅふん)したほうがよい種子(しゅし)ができるからです。ほかのかぶの花粉(かふん)を受粉(じゅふん)する花のさき方を，**ア～エ**から選びましょう。（　　　）

ア 同じかぶのおばなのほうが，めばなよりも早くさき，同時にさき終わる。
イ 同じかぶのめばなのほうが，おばなよりも早くさき，同時にさき終わる。
ウ 同じかぶのおばなとめばなが同時にさき，めばなのほうが早くさき終わる。
エ 同じかぶのおばなとめばなが同時にさき，おばなのほうが早くさき終わる。

答え▶15ページ

11 流れる水のはたらき

標準レベル

●流れる水のはたらき

実験 ▶ 流れる水にはどのようなはたらきがあるかを調べる

●土のしゃ面に水を流して，流れる水のはたらきを調べてみよう！

土のしゃ面をつくり，上から水を流して，流れる水や地面のようすを調べる。

結果

●かたむきが急で，まっすぐなところ
→流れが速く，底が深くけずられた。

●曲がって流れているところ
→外側は流れが速く，地面がけずられた。内側は流れがおそく，土が積もった。

●かたむきがゆるやかなところ
→流れがゆるやかで，土が積もった。

★考察

流れる水には，地面をけずったり，けずられた土や石を運んだり，積もらせたりするはたらきがある。

流れる水が地面をけずるはたらきを**しん食**，土や石を運ぶはたらきを**運ぱん**，積もらせるはたらきを**たい積**という。

実験 ▶ 水の量を変えて，流れる水のはたらきを調べる

❶せんじょうびん１つで水を流し，流れる水の速さと土のけずられ方を調べる。

❷せんじょうびん２つで水を流し，流れる水の速さと土のけずられ方を調べる。

結果　水の量が多いとき→流れる水の速さは速い。土のけずられ方が大きく，運ばれる土の量も多い。

水の量が少ないとき→流れる水の速さはおそい。土のけずられ方が小さく，運ばれる土の量も少ない。

★考察　流れる水の量が多くなると，水の流れが速くなり，しん食したり，運ぱんしたりするはたらきが大きくなる。

キーポイント

- ▶流れる水には，しん食，運ぱん，たい積というはたらきがある。
- ▶流れる水の量が多くなると，しん食や運ぱんのはたらきが大きくなる。

1 流れる水のはたらきを調べるため，右の図のように，土で山をつくって水を流しました。㋐は山の上のほうです。次の問いに答えましょう。

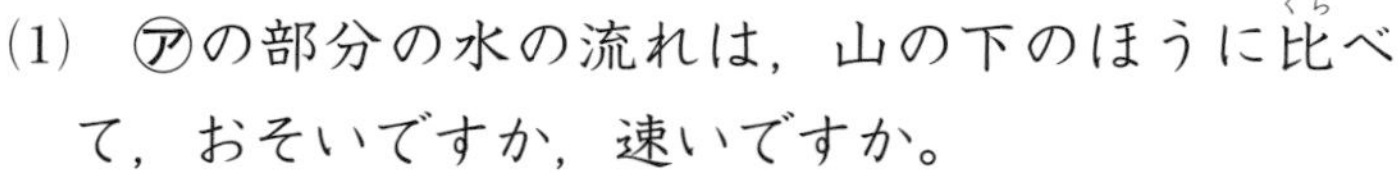

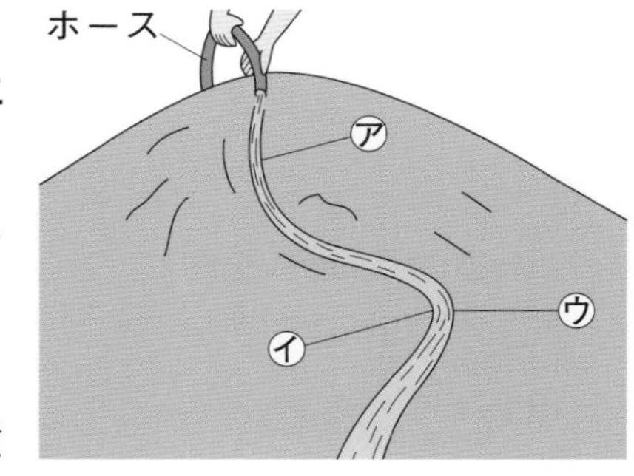

(1)　㋐の部分の水の流れは，山の下のほうに比べて，おそいですか，速いですか。　(　　　　　　　　)

(2)　㋐の部分の土は，けずられていきますか，積もっていきますか。　(　　　　　　　　)

(3)　㋑と㋒の部分は，水が曲がって流れているところの内側と外側です。水の流れが速いのは㋑，㋒のどちらですか。　(　　　　)

(4)　㋑と㋒の部分は，それぞれ流れる水の何というはたらきが大きいですか。
㋑(　　　　　　　　)　㋒(　　　　　　　　)

(5)　水を流し続けると，㋑と㋒の曲がり方は，大きくなりますか，小さくなりますか。　(　　　　　　　　)

2 次の図のようにして，せんじょうびんの数を変えて，水を流しました。あとの問いに答えましょう。

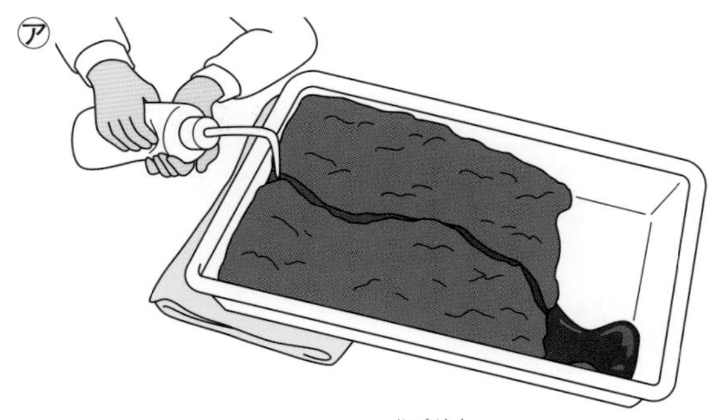

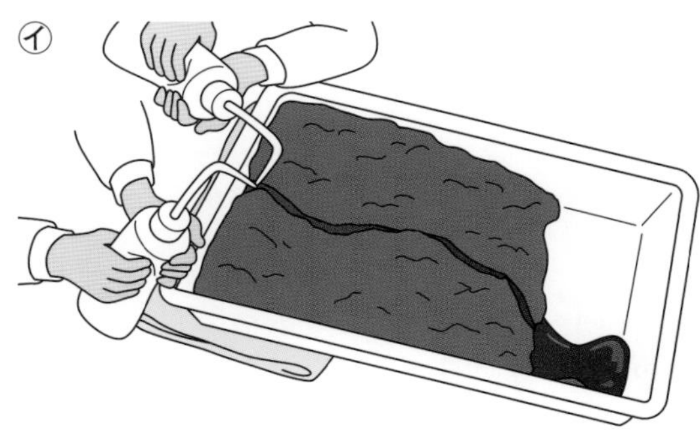

(1)　この実験で，変える条件は何ですか。　(　　　　　　　　)

(2)　土のけずられ方が大きいのは，㋐，㋑のどちらですか。　(　　　　)

(3)　運ばれる土の量が多いのは，㋐，㋑のどちらですか。　(　　　　)

(4)　流れる水の量が多くなると，土をけずるはたらき，運ぶはたらきは，それぞれどうなりますか。

けずるはたらき(　　　　　　　　)

運ぶはたらき(　　　　　　　　)

中学へのステップアップ

地層は，長い年月の間に岩石が，風化，侵食，運搬，堆積することによってつくられます。また，流れる水のはたらきで運搬された土砂は，海岸や沖に堆積し，さまざまな堆積岩がつくられます。

学習した日　　月　　日

11 流れる水のはたらき

答え▶15ページ

ハイレベル

1 流れる水には，どのようなはたらきがあるかを調べる実験を行いました。

実験

❶土で山をつくり，川のように曲がったところのあるみぞをつけた。

❷みぞの上から，じょうろで水を少しずつ流した。

水の流れや土のようすをあとで見直したいので，［　　　］で記録したよ。

曲がって流れているところに①旗を立てたよ。

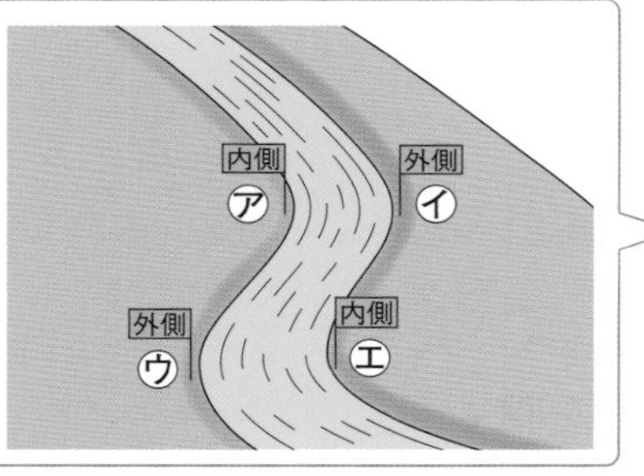

水といっしょに，②チョークの粉（こな）やカラーサンドを流したよ。

(1) ［　　　］にあてはまる言葉を書きましょう。（　　　　　　　　　　）

(2) 下線部①では，上の図のように曲がって流れているところに旗を立てました。

① このように，曲がって流れているところに旗を立てたのは，なぜですか。

（　　　　　　　　　　　　　　　　　　　　　　　　　　）

② 上の図で，たおれた旗はどれですか。㋐～㋓からすべて選びましょう。

（　　　　　　　　　　）

(3) 下線部②で，チョークの粉（こな）やカラーサンドを流したのは，なぜですか。

（　　　　　　　　　　　　　　　　　　　　　　　　　　）

思考力アップ

実験をするときは，実験結果がわかりやすくなるような方法を考えて計画しましょう。

❷ 流れる水のはたらきについて調べるため，土でしゃ面をつくり，水を流したところ，次の図のようになりました。あとの問いに答えましょう。

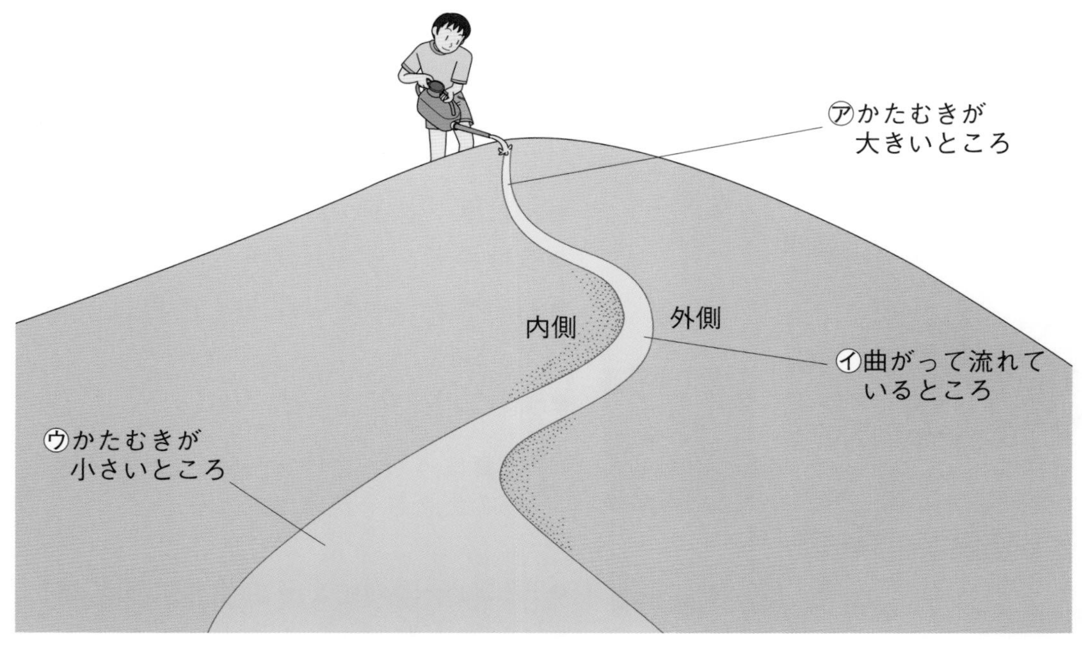

⑴ 水の流れが速いのは，㋐と㋒のどちらですか。（　　　　）

⑵ 地面をけずるはたらきが大きいのは，㋐と㋒のどちらですか。（　　　　）

⑶ ⑵の下線部のはたらきを何といいますか。（　　　　）

⑷ 土や石を積もらせるはたらきが大きいのは，㋐と㋒のどちらですか。

（　　　　）

⑸ ⑷の下線部のはたらきを何といいますか。（　　　　）

⑹ 土や石を運ぶはたらきが大きいのは，㋐と㋒のどちらですか。（　　　　）

⑺ ⑹の下線部のはたらきを何といいますか。（　　　　）

⑻ ㋑の内側と外側では，それぞれ流れる水の何というはたらきが大きいですか。

内側（　　　　）　外側（　　　　）

⑼ 流れる水の量が多くなると，地面をけずるはたらきと土や石を運ぶはたらきは，それぞれどうなりますか。

地面をけずるはたらき（　　　　）

土や石を運ぶはたらき（　　　　）

⑽ ⑼のようになるのは，なぜですか。「水の速さ」という言葉を使って書きましょう。

（　　　　）

答え▶16ページ

12 川の流れと土地の変化

標準レベル

●川と川原の石のようす

山の中

川

川原の石

- 川はば…せまい。
- 土地のかたむき…大きい。
- 石の形や大きさ…大きくて角ばった石が多い。
- 流れる水の速さ…速い。

写真にうつっている，30cmの定規で，石の大きさを比べてみよう！

平地へ出たあたり

川

川原の石

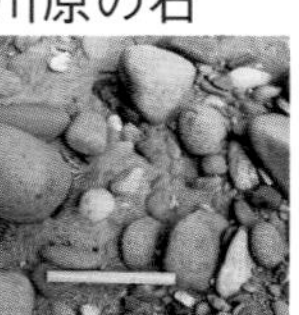

- 川はば…山の中より広く，川原がある。
- 土地のかたむき…山の中より小さい。
- 石の形や大きさ…山の中より小さくて丸みのある石が多い。
- 流れる水の速さ…山の中よりゆるやか。

同じ川でも，山の中と平地では，ようすがちがうね。

海の近くの平地

川

川原の石

- 川はば…とても広く，広い川原がある。
- 土地のかたむき…小さい。
- 石の形や大きさ…小さくて丸みのある石や砂が多い。
- 流れる水の速さ…ゆるやか。

平地の川でも，山から平地へ出たあたりと，海の近くの平地では，ようすがちがうよ。

●大雨による災害，流れる水のはたらきによる地形

大雨で川の水が増えると，流れる水のはたらきが大きくなり，災害が起こりやすくなる。流れる水のはたらきにより，いろいろな地形ができる。川の水が土地をしん食してできる**V字谷**，川の水が運ぱんしてきた土や石がたい積してできた**扇状地**など。

キーポイント

▶山の中では，川はばがせまく，水の流れが速く，角ばった大きな石が多い。
▶平地になるにつれ，川はばが広く，流れがゆるやかになり，丸みのある石が多くなる。

1 次の写真は，いろいろな場所を流れる川のようすです。あとの問いに答えましょう。

㋐

㋑

㋒
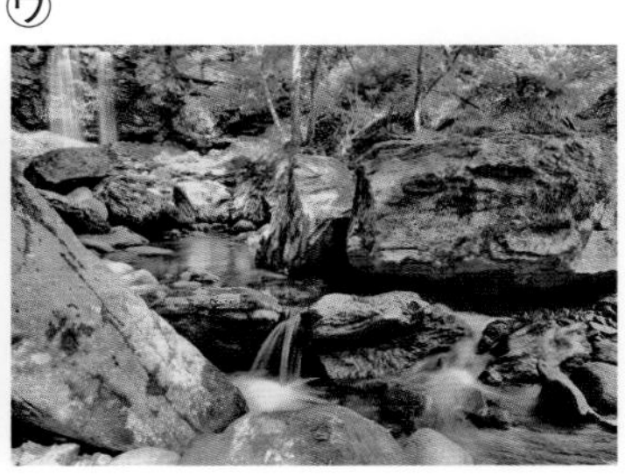

(1) ㋐～㋒は，山の中，平地へ出たあたり，海の近くの平地のうち，それぞれどこを流れる川ですか。㋐（　　　　） ㋑（　　　　）
㋒（　　　　）

(2) (1)のように答えたのは，なぜですか。㋑，㋒のそれぞれについて書きましょう。
㋑（　　　　）
㋒（　　　　）

2 次の写真は，いろいろな場所で見られた川原（かわら）の石のようすです。あとの問いに答えましょう。

㋐

㋑

㋒
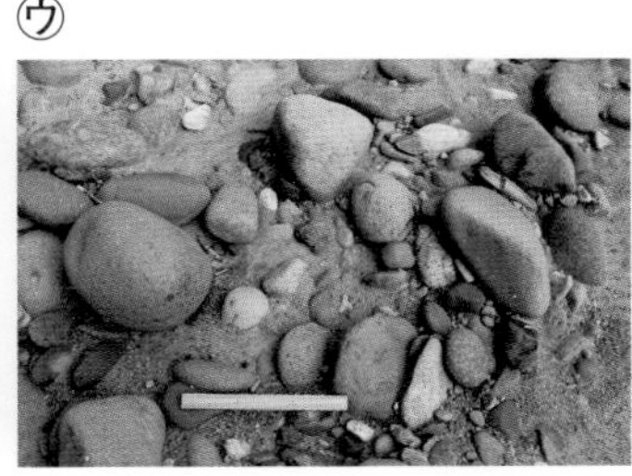

(1) 海の近くの川原（かわら）の石を表しているのは，㋐～㋒のどれですか。（　　　　）

(2) (1)のように答えたのは，なぜですか。
（　　　　）

(3) 流れる水のしん食（しょく）のはたらきがもっとも大きい場所で見られた石は，㋐～㋒のどれですか。（　　　　）

中学へのステップアップ

れき，砂（すな），泥（どろ）は，粒（つぶ）の大きさによって分類されています。粒（つぶ）の大きさが2mm以上はれき，約0.06～2mmは砂（すな），約0.06mm以下は泥（どろ）とよばれています。

学習した日　　月　　日

12 川の流れと土地の変化

答え▶16ページ

ハイレベル

1 川の流れとそのはたらきについて調べました。あとの問いに答えましょう。

観察

観察1　川原(かわら)や川岸が見わたせる場所で，川岸のようすについて調べた。

曲がって流れているところの内側には，川原(かわら)が広がっていたよ。外側は［　　　］になっていたよ。

観察2　川原(かわら)に下りて，川原(かわら)のようすを調べた。

川原(かわら)の石について調べたら，川の流れる場所によって，石の形や大きさにちがいがあったよ。

資料(しりょう)調べ　山の中，平地，海の近くの平地で，川やそのまわりのようすについて調べた。

川はばや流れの速さがちがうね。石の形や大きさ，すなやどろなどの積もり方もちがうよ。

(1)　観察1の［　　　］にあてはまる言葉を書きましょう。(　　　　　　　　)

(2)　観察1で，内側には川原(かわら)が広がり，外側は(1)のようになっていることから，川が曲がって流れているところの内側と外側では，流れの速さはどのようであるといえますか。内側と外側のそれぞれについて書きましょう。

内側(　　　　　　　　)　外側(　　　　　　　　)

(3)　観察2では，川原(かわら)の石は丸みがありました。それはなぜですか。

(　　　　　　　　　　　　　　　　)

(4)　資料(しりょう)調べについて，川が山の中から海の近くへ流れるにつれて，川はばはどうなりますか。また，水の流れの速さはどうなりますか。それぞれについて書きましょう。

川はば(　　　　　　　　)

流れの速さ(　　　　　　　　)

(5)　しん食(しょく)や運(うん)ぱんのはたらきがもっとも大きいのは，山の中，平地，海の近くの平地のうち，どこを流れる川ですか。(　　　　　　　　)

思考力アップ

観察結果や資料(しりょう)調べからわかることを，1つずつ整理していきましょう。

❷ 次の写真は，流れる水のはたらきによってできた土地のすがたです。

㋐

㋑

㋒

(1) ㋐〜㋒は，それぞれ上流，中流，下流のどこにできますか。川の流れのうち，山の中を上流，平地へ出たあたりを中流，海の近くの平地を下流といいます。

㋐(　　　　　)　㋑(　　　　　)　㋒(　　　　　)

(2) ㋐〜㋒は，それぞれどのようにしてできましたか。**ア〜ウ**から選びましょう。

㋐(　　　)　㋑(　　　)　㋒(　　　)

ア　上流から流されてきた土や石が，平地に出たところでたい積してできた。

イ　川の底が水によってしん食され続けてできた。

ウ　上流から流されてきた砂などが，河口で三角形にたい積してできた。

ホッとひといき

❶〜❼の(　)にあてはまる漢字を右の表の中から探しましょう。漢字の左上にあるカタカナをならべてできるメッセージを読みとり，あてはまるものを，㋐〜㋒から2つ書きましょう。

バ 花	ウ 護	ミ 芽	ボ 水
マ 精	オ 根	ト 積	ボ 種
ベ 塩	テ 速	チ 風	ム 運
イ 原	ワ 台	ア 気	ダ 食

❶ 流れる水が地面などをけずることをしん(　)という。

❷ 流れる水が，けずったものをおし流すことを(　)ぱんという。

❸ 流れる水が土や石を積もらせるはたらきをたい(　)という。

❹ 曲がって流れている川の流れは外側のほうが(　)い。

❺ 曲がって流れている川の内側は川(　)になっている。

❻ 大雨などが降ると川の水が増えてこう(　)などが起こることがある。

❼ 川の水によって川岸がけずられるのを防ぐために(　)岸ブロックを置く。

(　　　　)と(　　　　)

㋐

㋑

㋒

チャレンジテスト

1 リカさんは，水を流したときの地面のけずられ方のちがいを観察するために，次の図のような装置(そうち)をグラウンドに置き，装置(そうち)に固定されたホースから出る水の量を変えて，観察しました。はじめ少しずつ水を流したあと，流す水の量を増(ふ)やしました。あとの問いに答えましょう。　1つ10〔30点〕

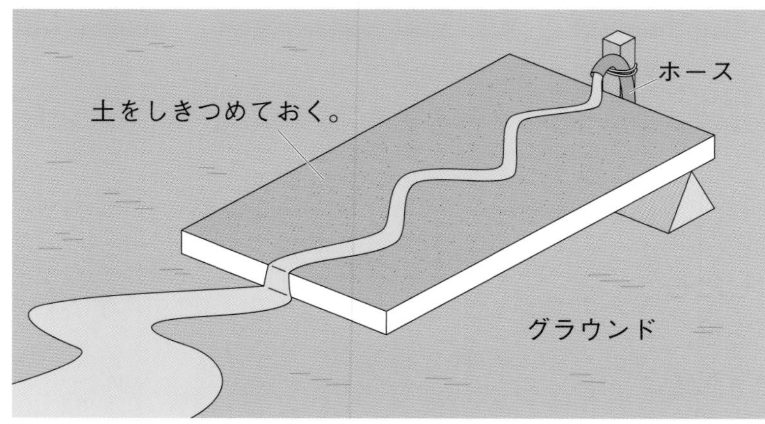

(1) 流す量を増(ふ)やして水の勢(いきお)いを強くすると，次の①，②は，流す水の量が少ないときと比(くら)べてどうなりますか。

① 水の流れる速さ　(　　　　　)

② 土のけずられ方　(　　　　　)

実験を続けていくと，装置(そうち)を流れたあとの水がグラウンドをゆっくり流れていくようすが見られました。この流れを見ていると，先生が，「グラウンドの水のはばのほうが，装置(そうち)にできる流れのはばよりもずっと広く，曲がりくねって流れていますね。まるで，石狩平野(いしかりへいや)を流れる石狩川(いしかりがわ)のようです。石狩川(いしかりがわ)が曲がりくねって流れているのも，同じ理由なんですよ。」と言いました。

(2) 石狩川(いしかりがわ)が石狩平野(いしかりへいや)を曲がりくねって流れているのは，なぜだと考えられますか。ア～エから選びましょう。　(　　)

ア たくさんの水が流れているから。

イ 長いきょりを流れているから。

ウ 土地のかたむきが小さいから。

エ 水の流れが速いから。

得点　　点

2 流れる水には，さまざまなはたらきがあります。川底や川岸をけずるはたらきを(　㋐　)といい，流れの速さが(　①　)いときに大きなはたらきをします。また，けずりとった石や砂を運ぶはたらきを(　㋑　)，運んだものを川底や海底に積もらせるはたらきを(　㋒　)といいます。(　㋒　)は流れの速さが(　②　)くなるにつれて大きくなり，つぶが大きく重いものから底に積もらせます。次の問いに答えましょう。

1つ8〔40点〕

(1) 文中の㋐〜㋒にあてはまる言葉を，それぞれ書きましょう。

㋐(　　　　　)　㋑(　　　　　)　㋒(　　　　　)

(2) 文中の①，②には流れの速さについての言葉が入ります。それぞれ書きましょう。

①(　　　　　)　②(　　　　　)

3 右の写真は，ある川を岸から川上に向かって撮影したものです。この川は左右にてい防があり，手前の場所を㋐，おくの上流の場所を㋑とします。ここで，㋐から見て㋑は東側にあります。㋐は，下流に向かって右岸に大きな川原があり，そこには草や木がしげっています。㋑は，両岸に川原が見られます。次の問いに答えましょう。

1つ10〔30点〕

(1) 下流側(写真の手前側)から見た川の流れに垂直な，㋐，㋑の断面図としてもっとも近いものを，ア〜ウからそれぞれ選びましょう。

㋐(　　　)　㋑(　　　)

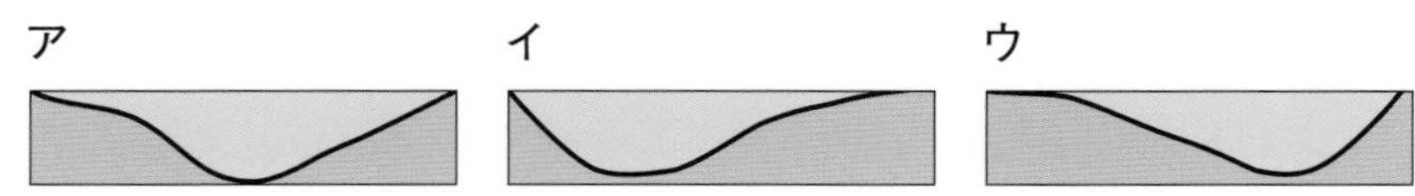

(2) この付近の川の形としてもっとも近いものを，ア〜エから選びましょう。ただし，図は，上空から見た川のようすを表していて，上が北で，矢印は流れの向きを表しています。

(　　　)

ア

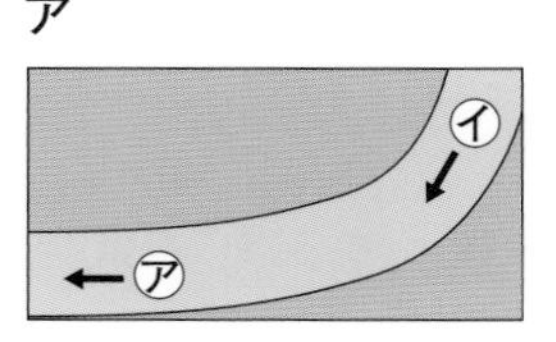

イ

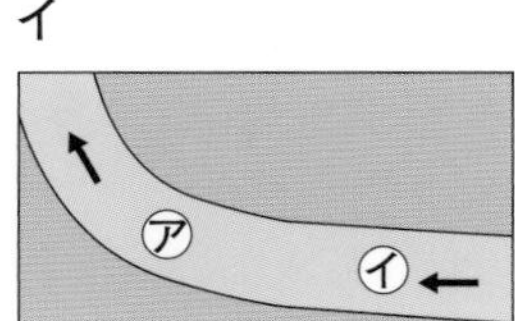

ウ

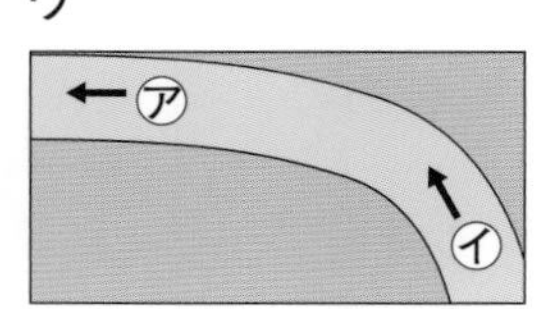

エ

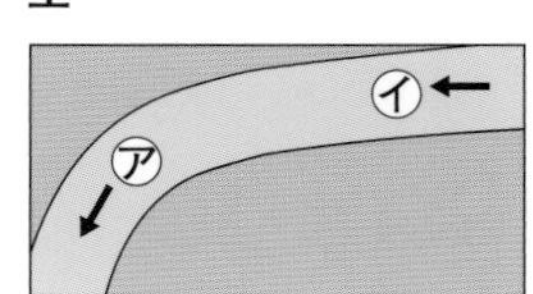

答え ▶ 18ページ

13 電磁石の性質

標準レベル

●電磁石の性質

実験 ▶ 電磁石の性質を調べる

●電磁石にはどのような性質があるか調べてみよう！

❶鉄の引きつけ方を調べる。

スイッチを入れる。

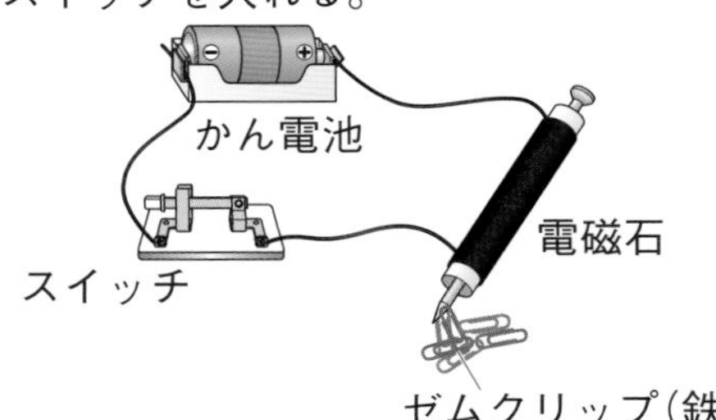

スイッチを切る。

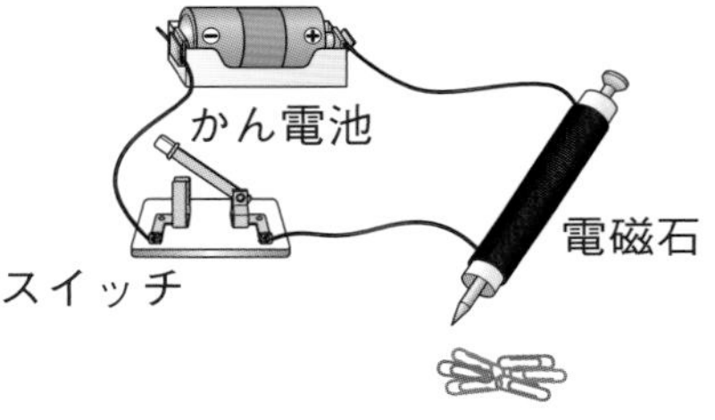

結果

●電流を流したとき
→電磁石のはしに鉄がついた。

●電流を流さないとき
→電磁石のはしに鉄がつかなかった。

❷極を調べる。

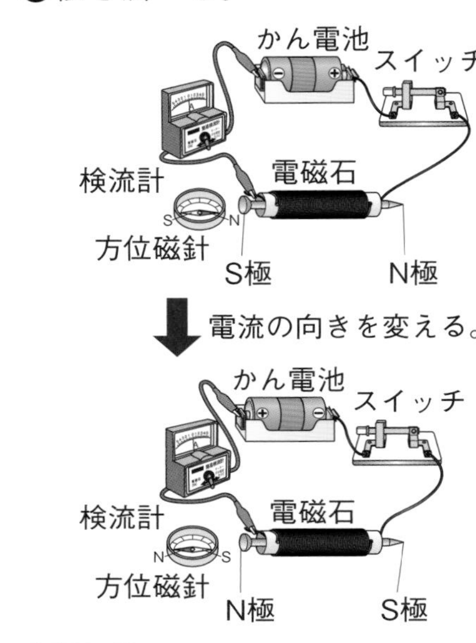

結果

●電流を流す。
→方位磁針の針が一定の向きで止まった。

●電流の向きを変える。
→方位磁針の針のさす向きが反対になった。

★考察

電磁石は，電流を流したときだけ，磁石の性質をもつ。
電磁石にはN極とS極があり，電流の向きを変えると，極が反対になる。

導線を同じ向きに何回もまいたものを**コイル**といい，コイルに鉄心を入れて電流を流したものを**電磁石**という。
電磁石は，電流が流れている間だけ**磁石の性質をもち，N極とS極がある**。

キーポイント

▶電磁石は，電流を流したときだけ磁石になる。
▶電磁石のN極とS極は，電流の向きが変わると，反対になる。

1 右の図のように，コイルに鉄心を入れて実験をしました。次の問いに答えましょう。

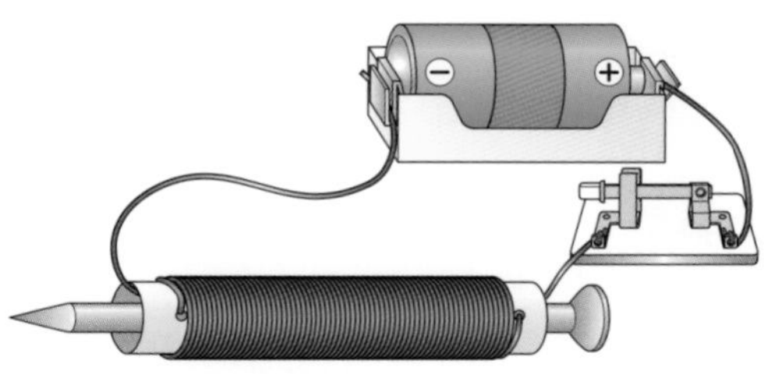

(1) 図のように，かん電池をつないでスイッチを入れたとき，鉄のゼムクリップは鉄心につきますか。

（　　　　　）

(2) (1)のあと，スイッチを切りました。鉄のゼムクリップはつきますか。

（　　　　　）

(3) 電磁石は，どのようなときに磁石の性質をもちますか。

（　　　　　）

2 右の図のような回路をつくり，電流の向きと電磁石のN極とS極のでき方について調べました。次の問いに答えましょう。

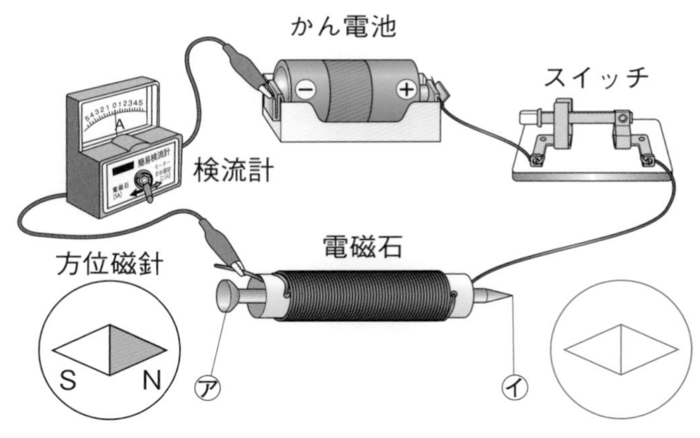

(1) 電磁石のⓐに方位磁針のN極が引きつけられて止まりました。ⓐは何極になっていますか。（　　　）

(2) 電磁石のⓘの右側に方位磁針を置きました。この方位磁針の針のN極をぬりつぶしましょう。

(3) 図の回路で，かん電池の向きを反対にすると，電磁石のⓐ，ⓘはそれぞれ何極になりますか。

ⓐ（　　　）
ⓘ（　　　）

(4) コイルに流れる電流の向きを反対にすると，電磁石のN極とS極はどのようになることがわかりますか。

（　　　　　）

中学へのステップアップ

磁力がはたらく空間を磁界といい，電磁石の中の鉄心をぬいたコイルに電流を流すと，コイルの内側と外側で逆向きの磁界ができます。また，電流の向きを逆にすると，磁界の向きも逆になります。

13 電磁石の性質

答え▶18ページ

ハイレベル

1 電磁石の性質を調べる実験を行いました。あとの問いに答えましょう。

実験

実験1　鉄の引きつけ方を調べた。

スイッチを入れたときと切ったときで，鉄の引きつけ方がちがったよ。
電磁石に電流を流したままにしておいたら，コイルが［　　］ので，調べるときだけ電流を流したよ。

実験2　電磁石に極があるかどうかを調べた。

極があるかどうかは，方位磁針を使って調べたよ。方位磁針の①N極が引きつけられればN極で，S極が引きつけられればS極だよね。

②電流の向きを変えると，③方位磁針の針の向きが変わったよ。

(1)　［　　］にあてはまる言葉を書きましょう。
(　　　　　　　　)

(2)　下線部①にはまちがいがあります。正しく書き直しましょう。
(　　　　　　　　)

(3)　下線部②で，電流の向きを変えるには，右の図の回路の，何をどうすればよいですか。　何を(　　　　)
どうする(　　　　)

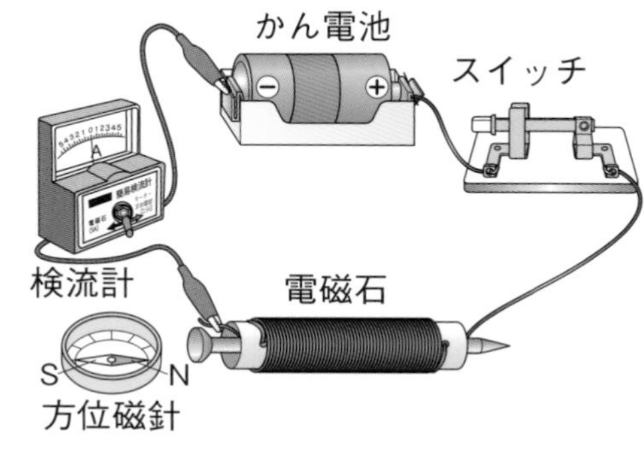

(4)　下線部③で，方位磁針の針の向きが変わったことから，電磁石の極がどうなったといえますか。
(　　　　　　　　)

(5)　電磁石が鉄を引きつけるときは，どのようなときですか。
(　　　　　　　　)

思考力アップ

実験結果からわかることを，1つずつ整理していきましょう。

2 **右の図のように，ポリエチレン管に導線をまき，中に鉄のくぎを入れて電磁石をつくりました。次の問いに答えましょう。**

鉄のくぎ

(1) 導線として使えるものを，ア～ウから選びましょう。（　　　）

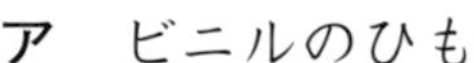

ア　ビニルのひも

イ　毛糸

ウ　エナメル線

(2) 導線をまく方向は，どのようにしたらよいですか。

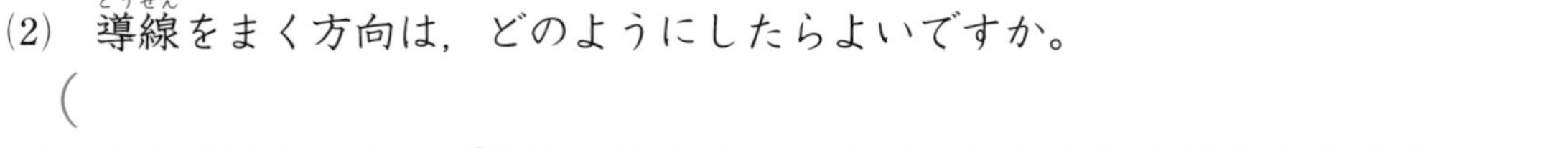

（　　　　　　　　　　　　　　　　　　　　　　　　）

(3) かん電池につないで実験するため，エナメル線のはしをどうしますか。

（　　　　　　　　　　　　　　　　　　　　　　　　）

3 **図１のように，電磁石を用意して電流を流すと，方位磁針のN極が図１のように引きつけられました。あとの問いに答えましょう。**

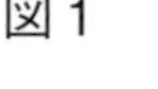

図１

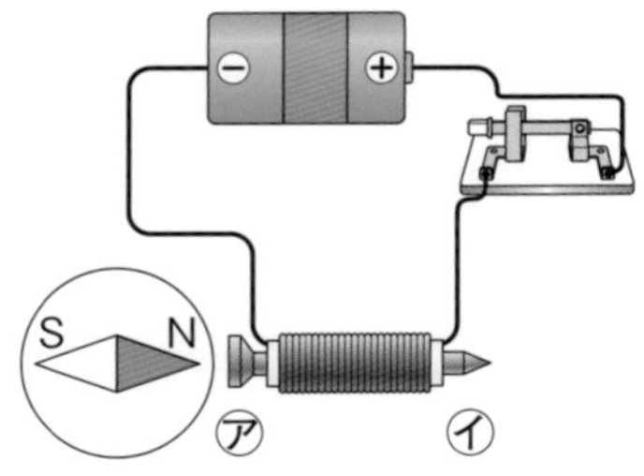

図２

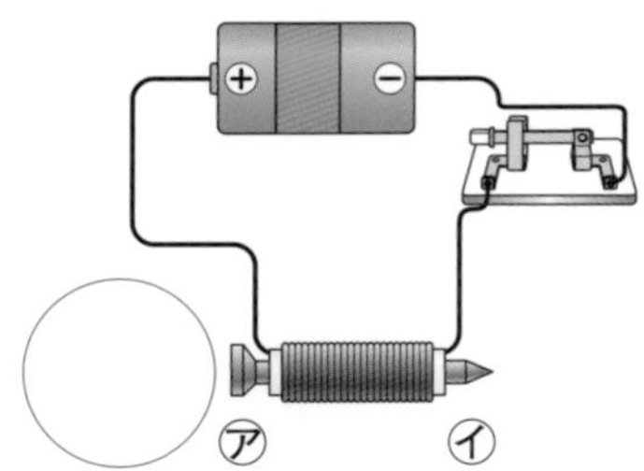

(1) 図１の電磁石では，㋐，㋑はそれぞれ何極になっていますか。

㋐（　　　　　　）

㋑（　　　　　　）

(2) かん電池の向きを図２のように変えました。このとき，電磁石の㋐の左側に置いた方位磁針の針は，どのようになりますか。図１の方位磁針の針を参考にして，図２の○の中にかきましょう。ただし，N極をぬりつぶすものとします。

(3) 図２の電磁石では，㋐，㋑はそれぞれ何極になっていますか。

㋐（　　　　　　）

㋑（　　　　　　）

(4) この実験から，電磁石のN極とS極を反対にしたいときには，どのようにすればよいことがわかりますか。

（　　　　　　　　　　　　　　　　　　　　　　　　）

14 電磁石の強さ

標準レベル　トライしよう

●電磁石の強さ

実験 ▶ 電磁石の強さを調べる

●電磁石を強くする方法を調べてみよう！

❶電流の大きさを変える。

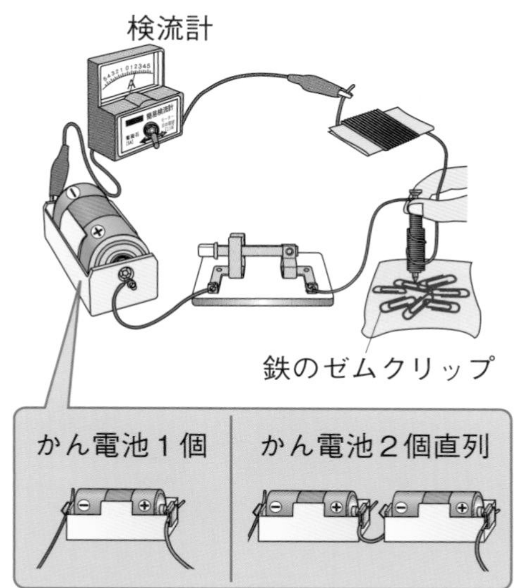

変える条件	変えない条件
電流の大きさ	コイルのまき数

結果

●電流を大きくすると，ゼムクリップのつく数が増えた。

❷コイルのまき数を変える。

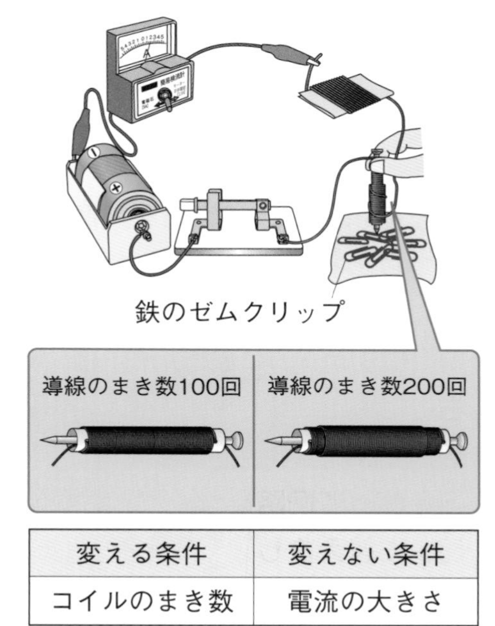

変える条件	変えない条件
コイルのまき数	電流の大きさ

結果

●コイルのまき数を多くすると，ゼムクリップのつく数が増えた。

★考察 かん電池２個の直列つなぎのほうが，ゼムクリップのつく数が多かったから，導線に流れる電流を大きくすると電磁石は強くなる。
コイルのまき数を多くすると，ゼムクリップのつく数が多かったから，コイルのまき数を多くしても，電磁石は強くなる。

電流を大きくすると，電磁石は強くなる。

コイルのまき数を多くすると，電磁石は強くなる。

キーポイント
▶電流を大きくすると，電磁石は強くなる。
▶コイルのまき数を多くすると，電磁石は強くなる。

1 図1，2のように，電磁石をつないだ回路にかん電池1個，かん電池2個をそれぞれつなぎました。次の問いに答えましょう。

図1

1個

ゼムクリップ

図2

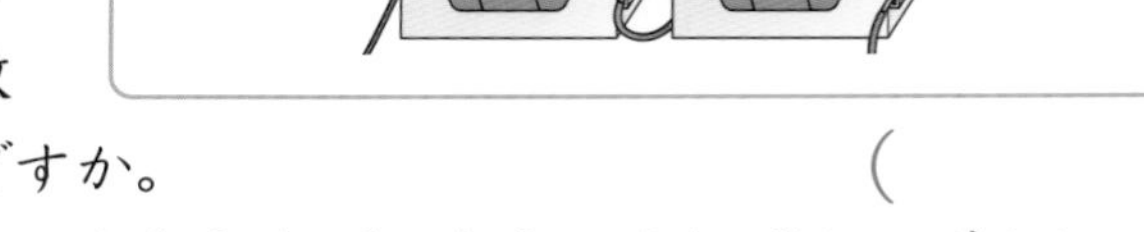

(1) 図2のようなかん電池のつなぎ方を何といいますか。
（　　　　　　）

(2) 流れる電流が大きいのは，図1と図2のどちらですか。
（　　　）

(3) 電磁石についたゼムクリップの数が多いのは，図1と図2のどちらですか。（　　　）

(4) 電磁石を強くするためには，電流の大きさをどのようにすればよいですか。
（　　　　　　）

2 右の図1，2のように，コイルのまき数が100回の電磁石と200回の電磁石を使って回路をつくりました。次の問いに答えましょう。

(1) この実験で，変えない条件を，ア～ウからすべて選びましょう。
（　　　　　　）

ア　導線の全体の長さ
イ　コイルのまき数
ウ　電流の大きさ

(2) 電磁石についたゼムクリップの数が多いのは，図1と図2のどちらですか。（　　　）

(3) 電磁石を強くするためには，コイルのまき数をどのようにすればよいですか。（　　　　　　）

図1

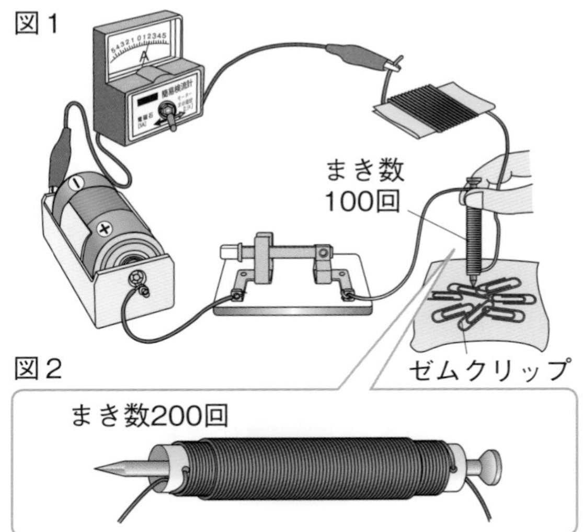

図2

中学へのステップアップ

U字型磁石の磁界の中に入れたコイルに電流を流したとき，流す電流を大きくすると，コイルの動きが大きくなります。このようなしくみを利用したものにモーターがあります。

14 電磁石の強さ

答え▶19ページ

1 電磁石を強くするにはどうすればよいかを調べる実験を行いました。あとの問いに答えましょう。

実験

実験1　電流の大きさを変えて，電磁石の強さを調べた。

電流の大きさを大きくするには，かん電池2個を［　　　］つなぎにすればいいね。

電流の大きさについて調べるのだから，①コイルのまき数は同じにしたよ。

実験2　コイルのまき数を変えて，電磁石の強さを調べた。

②かん電池の数は変えないで，1個で調べたよ。

最初は，コイルのまき数を100回にして調べたよ。
次に，③コイルのまき数を200回にして調べようとしたら，導線の長さが足りないから，導線をつぎ足して調べたよ。

(1)　文中の［　　　］にあてはまる言葉を書きましょう。（　　　　）

(2)　電磁石が強くなったかどうかを調べるためには，どうすればよいですか。
（　　　　）

(3)　下線部①～③の実験操作のうち，まちがっているものはどれですか。
下線部（　　　）

(4)　(3)で選んだ実験操作を正しく行うには，どのようにすればよいですか。
（　　　　）

(5)　電流の大きさやコイルのまき数によって，電磁石の強さはどのように変わりましたか。それぞれについて書きましょう。
電流の大きさ（　　　　）
コイルのまき数（　　　　）

思考力アップ

実験操作は，変える条件と変えない条件をどのようにするかが大切です。

2 同じ長さの導線を使って，図1，2のような電磁石をつくりました。あとの問いに答えましょう。

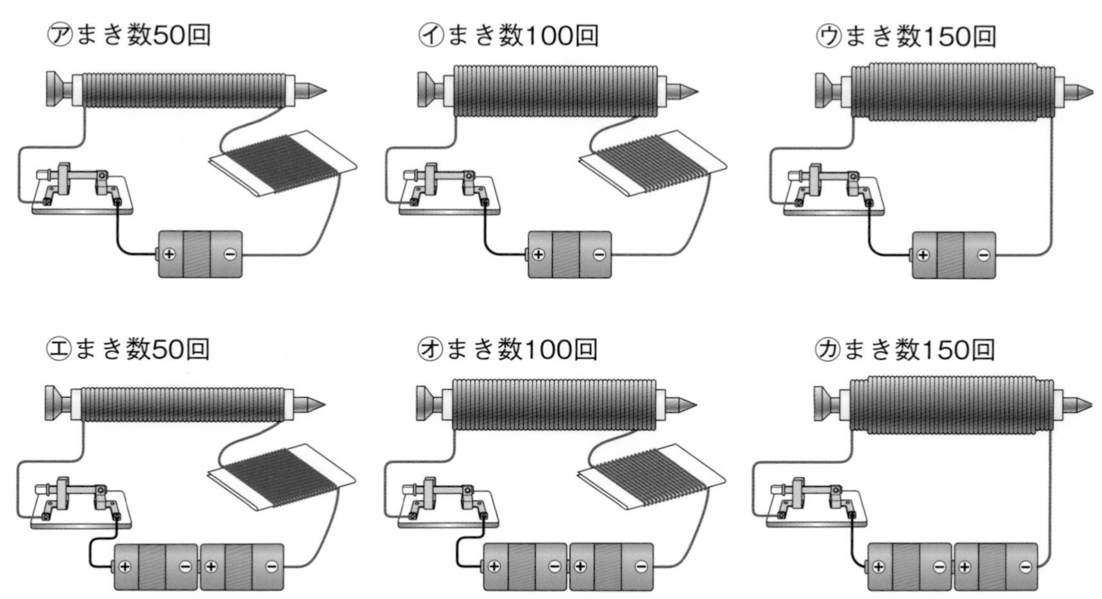

(1) もっとも強い電磁石ともっとも弱い電磁石は，それぞれどれですか。㋐～㋕から選びましょう。

もっとも強い電磁石（　　　）

もっとも弱い電磁石（　　　）

(2) 電磁石に鉄のゼムクリップを近づけたとき，電磁石につくゼムクリップの数がもっとも多いものともっとも少ないものは，それぞれどれですか。㋐～㋕から選びましょう。

もっとも多い電磁石（　　　）

もっとも少ない電磁石（　　　）

(3) 電流の大きさと電磁石の強さについて調べるには，㋑とどれを比べればよいですか。（　　　）

(4) コイルのまき数と電磁石の強さについて調べるには，㋑とどれを比べればよいですか。2つ書きましょう。（　　　）（　　　）

(5) 流れる電流の大きさが，図2の回路と同じものを，図1の㋐～㋕からすべて選びましょう。

（　　　）

(6) 図2と同じ強さになる電磁石を，図1の㋐～㋕から選びましょう。（　　　）

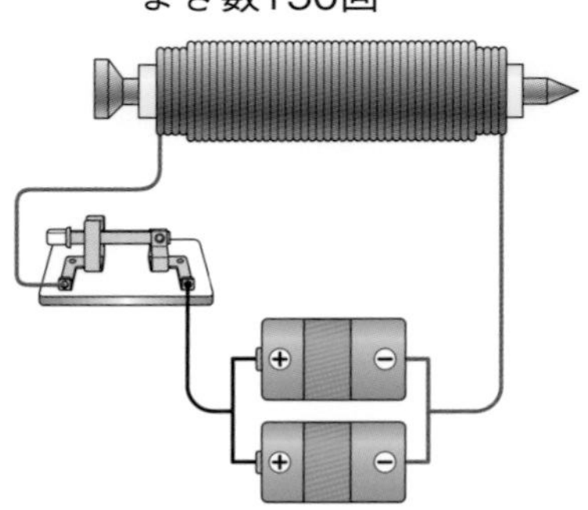

答え▶20ページ

15 電磁石を利用したもの

標準レベル

●電磁石を利用したもの

鉄の空きかん拾い機

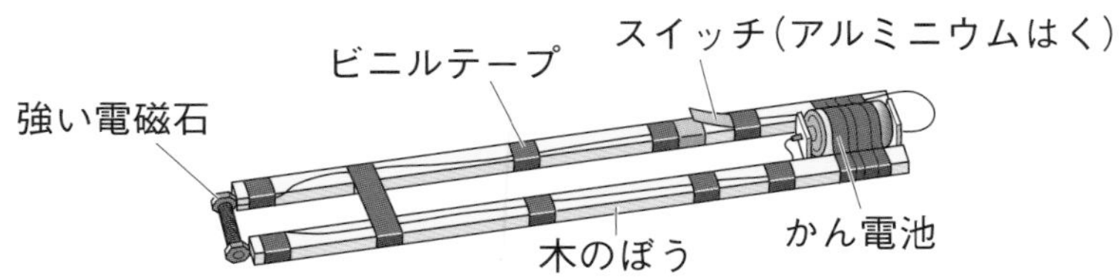

●鉄の空きかんを，電磁石に引きつけて拾う。
・スイッチを入れる。→鉄を引きつけて拾う。
・スイッチを切る。→鉄をはなして捨てる。

【多くの鉄の空きかんを拾う方法】
・電流を大きくする。
・コイルのまき数を多くする。

目的は，「鉄の空きかんを拾うこと」だね。

利用する性質は，「導線に電流が流れている間だけ，磁石の性質をもつ」ということだよ。

モーター

●モーターは，せん風機，けい帯電話，電動車いす，電気自動車などの身近な器具に多く利用されている。

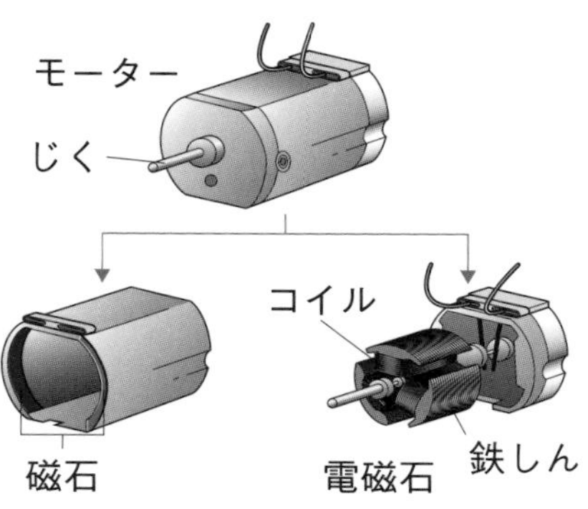

【モーターが回るしくみ】

①電磁石と磁石の同じ極どうしがしりぞけ合う。

②電磁石が回転を始める。

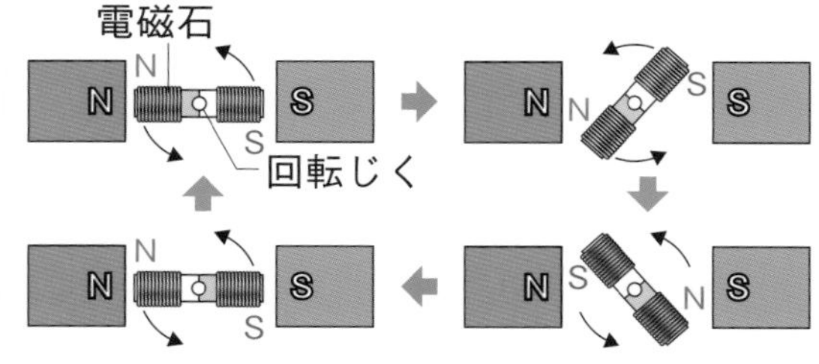

⑤磁石と電磁石の同じ極どうしが，再びしりぞけ合う。

④半回転すると，電流の流れる向きが変わり，電磁石の極が逆になる。

③電磁石と磁石のちがう極どうしが引き合う。

キーポイント

▶鉄の空きかん拾い機は，電磁石が鉄を引きつける性質を利用している。
▶モーターは，電磁石と磁石を組み合わせて，電磁石を回転させている。

1 右の図は，電磁石を利用した鉄の空きかん拾い機です。次の問いに答えましょう。

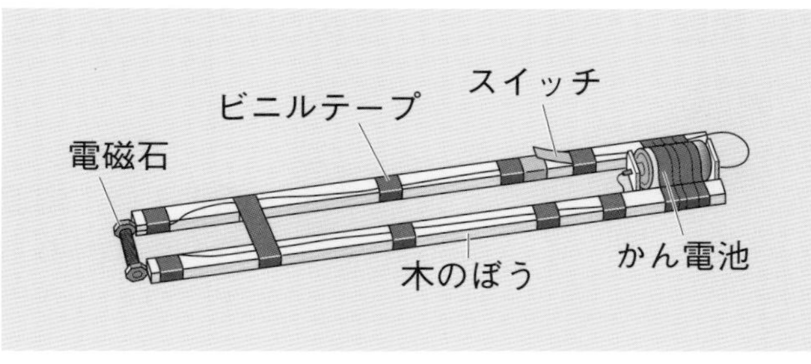

(1) 鉄の空きかん拾い機は，電磁石のどのような性質を利用していますか。

(　　　　　　　　　　　　　　　　　　　　)

(2) この鉄の空きかん拾い機の力を強くし，さらに重い物をもち上げるにはどのようにすればよいですか。かん電池の数を増やすこと以外の方法を書きましょう。

(　　　　　　　　　　　　　　　　　　　　)

2 次の図のような電磁石をつくり，磁石の上で電流を流すと，ゼムクリップが回転しました。あとの問いに答えましょう。

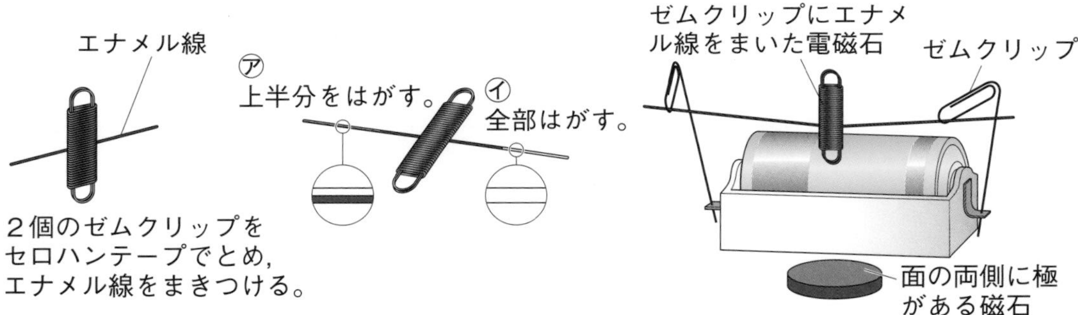

(1) ㋐や㋑のように，エナメル線の表面を紙やすりではがしました。このような操作は，何のために行いますか。

(　　　　　　　　　　　　　　　　　　　　)

(2) 図の装置を，かん電池2個の直列つなぎに変えました。ゼムクリップの回り方はどのようになりますか。ア～ウから選びましょう。(　　　)

ア　速く回るようになる。
イ　ゆっくり回るようになる。
ウ　回る速さは変わらない。

(3) 電磁石と磁石を使ってコイルが回り続けるようにしたものを何といいますか。(　　　　　　　)

中学へのステップアップ

モーターは，磁石と，コイルに流れる電流との間にはたらく力を利用して，コイルを回転させています。整流子とブラシで，コイルに流れる電流の向きを変え，常に一定の向きに回転し続けるようになっています。

15 電磁石を利用したもの

答え▶21ページ

ハイレベル

1 電磁石を使ったおもちゃの車をつくりました。あとの問いに答えましょう。

実験

かん電池1個，導線，電磁石，磁石を使って，図1のような，おもちゃの車をつくったよ。図2は，つくった車を上から見た図だよ。

図1

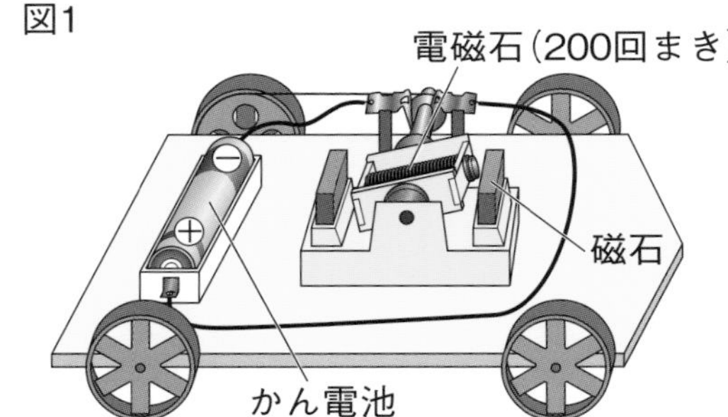

図2

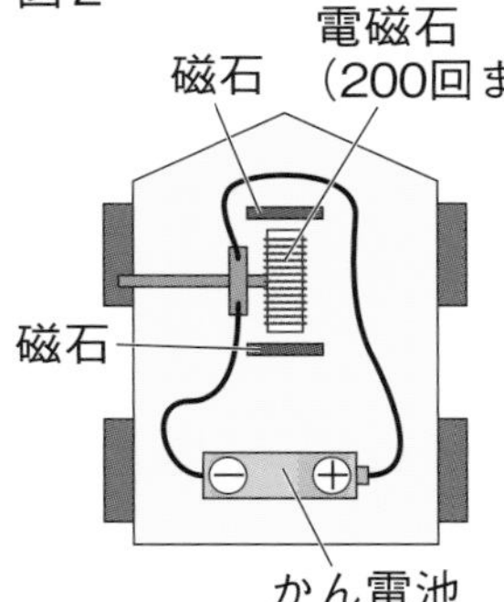

図3

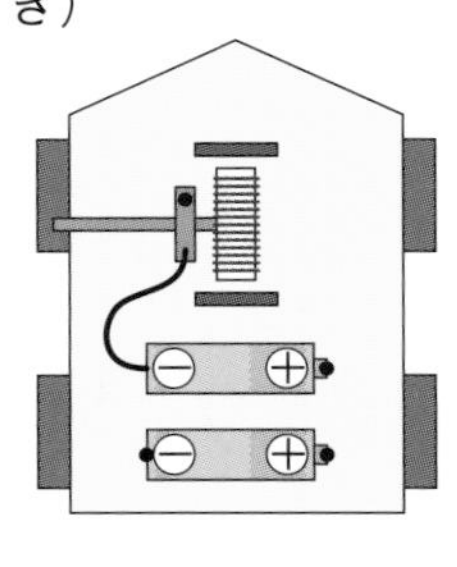

車を2台つくって同時に走らせたら，一方は速く走ったけど，①もう一方はおそかったよ。速いほうの車の電磁石は，導線を200回まいてコイルをつくったよ。

おそいほうの車の電磁石のコイルのまき数は変えないで，速く走らせるには，②かん電池の数を変えればいいと思うよ。

(1) 下線部①で，おそかった車の電磁石は，導線を何回まいてコイルをつくりましたか。ア～ウから選びましょう。（　　　）

ア 150回　　イ 200回　　ウ 250回

(2) 図3は，下線部②のように，かん電池の数を1個増やしたようすを表しています。電磁石の回転が速くなるように，図3の・を線でつなぎましょう。

(3) (2)のようにかん電池をつなぐと，電磁石の回転が速くなるのはなぜですか。

（　　　　　　　　　　　　　　　　　　　　）

思考力アップ

つくったものが計画通りに動かないときは，その原因を考えて，くふうしましょう。

2 **電磁石をセロハンテープで紙コップにはりつけて図のような回路をつくり，紙コップにストローをとりつけ，電磁石と磁石の間に1cmぐらいのすきまができるようにして，ゆれるおもちゃをつるしました。次の問いに答えましょう。**

裏側に磁石をはりつける。
N
S
ストロー
㋐
紙コップ
電磁石
スイッチ(クリップ)

(1)　スイッチを入れてゆらしてみましたが，すぐに止まってしまいました。このとき，図の㋐は，電磁石の何極ですか。

(　　　　　　)

(2)　ゆれ続けるようにするには，どのように変えたらよいですか。

(　　　　　　　　　　　　　　　　　　　　)

(3)　(2)のように変えたら，ゆれ続けるようになりましたが，ゆれ方が小さすぎました。もっと大きくゆれるようにするには，電磁石をどのように変えたらよいですか。(　　　　　　　　　　　　　　　　　　　　)

ちょこっとサイエンス

リニアモーターという種類のモーターは，電磁石と磁石のしりぞけ合う力や引き合う力によってまっすぐに進みます。リニアモーターカーは，このリニアモーターのしくみを利用し，車両をうかせたまま進むため，非常に速くて，ゆれが少ない乗り物です。

写真の超電導リニアは，リニアモーターカーの1つです。超電導リニアは，特殊な電磁石により，車両が走行部の中央に10cmほどういたまま非常に速く進むことができ，東京と大阪の間を約1時間で結ぶことができます。

●超電導リニア

●超電導リニアがうくしくみ

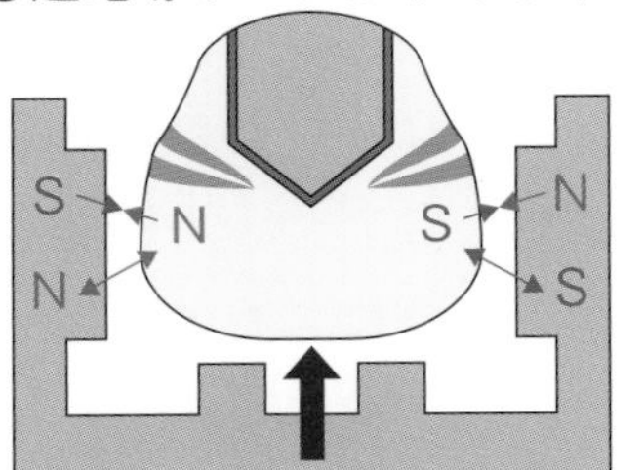

チャレンジテスト

1 太郎さんは，図のような電磁石を使った装置をつくり，条件を変えて，電磁石についたゼムクリップの数を調べました。あとの問いに答えましょう。　1つ10〔50点〕

実験

〔実験の条件〕

・導線は同じ長さのものを使い，かん電池は同じ種類の新しいものを使う。

・変える条件は，コイルのまき数とかん電池の数だけにする。

〔実験の結果〕

結果1　かん電池1個　（単位：個）

実験回数 コイルのまき数	1	2	3	平均
100回	29	34	32	31.7
200回	45	39	43	42.3

結果2　かん電池2個の直列つなぎ（単位：個）

実験回数 コイルのまき数	1	2	3	平均
100回	55	48	53	52.0
200回	71	64	67	67.3

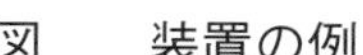

図　装置の例

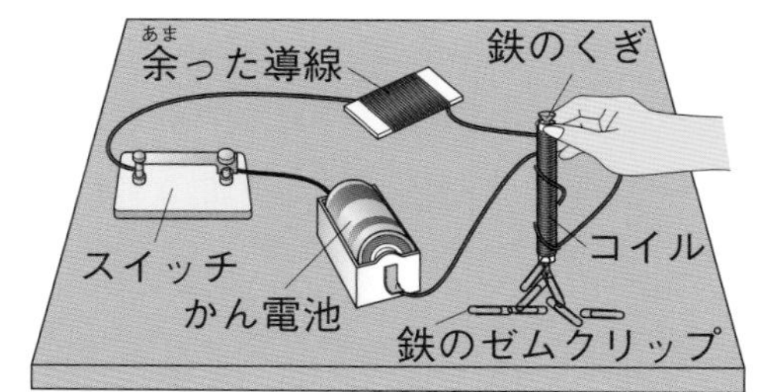

(1) 導線とかん電池を，下線部のようにするのはなぜですか。

（　　　　　　　　　　　　　　　　）

(2) 太郎さんは，スイッチを入れるのは，調べるときだけにしました。それはなぜですか。（　　　　　　　　　　　　）

(3) 結果1，2は，太郎さんが実験結果をまとめたものです。数字は四捨五入して，小数第1位までで表しましょう。

① かん電池1個でコイルのまき数を2倍にしたときは，ついたゼムクリップの数は約何倍になりましたか。（　　　　　）

② コイルのまき数を同じにして，かん電池2個を直列つなぎにしたときは，ついたゼムクリップの数は約何倍になりましたか。（　　　　　）

③ ①，②から，ついたゼムクリップの数が増える割合が大きいのは，コイルのまき数を2倍にしたときとかん電池2個を直列つなぎにしたときのどちらですか。（　　　　　　　　　　　　）

得点　　　　点

2 花子さんは，図のような，電磁石を利用した魚つりゲームをつくろうとしています。次の問いに答えましょう。

1つ10〔40点〕

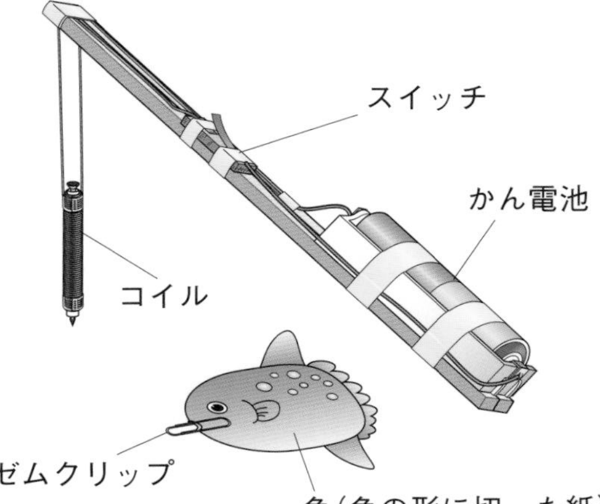

(1)　魚につけるゼムクリップとして，どのようなものを利用したらよいですか。**ア**～**エ**から選びましょう。

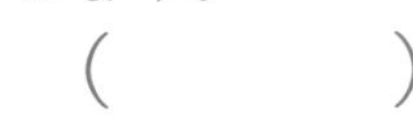

(　　　　)

ア　アルミニウムでできている。

イ　プラスチックでできている。

ウ　鉄でできている。

エ　銅でできている。

(2)　(1)で選んだゼムクリップを魚につけて魚つりゲームをしたところ，魚は電磁石に引きつけられましたが，もち上がる前に落ちてしまいました。

①　魚がもち上がらないのは，なぜだと考えられますか。電磁石のもつ力について書きましょう。

(　　　　　　　　　　　　　　　　)

②　魚がもち上がるようにするためには，図の装置の何をどのように変えたらよいですか。2つ書きましょう。

(　　　　　　　　　　　　　　　　)

(　　　　　　　　　　　　　　　　)

3 右の図は，リサイクル工場で利用されている電磁石でできたクレーンが，鉄でできている荷物を引きつけて運ぶようすを表しています。次の問いに答えましょう。

1つ5〔10点〕

(1)　このクレーンが，磁石ではなく電磁石でつくられているのは，なぜですか。**ア**～**ウ**から選びましょう。

(　　　　)

ア　電磁石は，金属だけを引きつけることができるから。

イ　磁石にはN極とS極ができるが，電磁石にはN極しかできないから。

ウ　電磁石は，引きつけたり，はなしたりを自由にできるから。

(2)　このクレーンの力を強くするためには，どのようなことをすればよいですか。

(　　　　　　　　　　　　　　　　)

答え▶22ページ

16 もののとけ方

標準レベル

●ものが水にとけるとき

実験 ▶ 水にとけて見えなくなったもののゆくえを調べる

●水にとけて見えなくなった食塩のゆくえを調べてみよう！

❶水をじょう発させる。

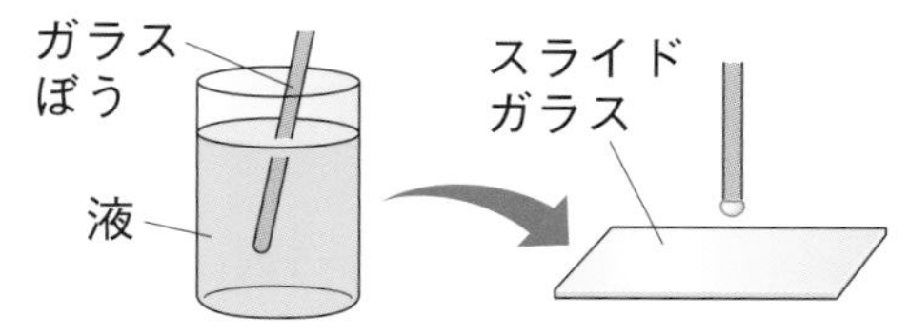

スライドガラスの上に
ガラスぼうについた液を落とす。

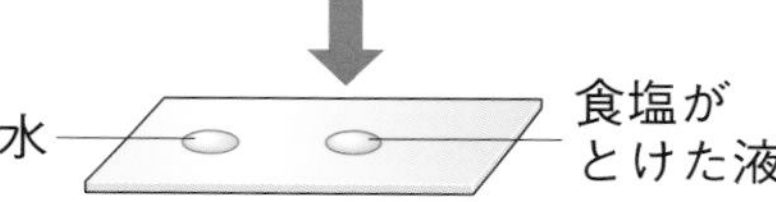

結果

- 水→ほとんど何も出てこなかった。
- 食塩がとけた液→白いものが出てきた。

❷重さをはかる。

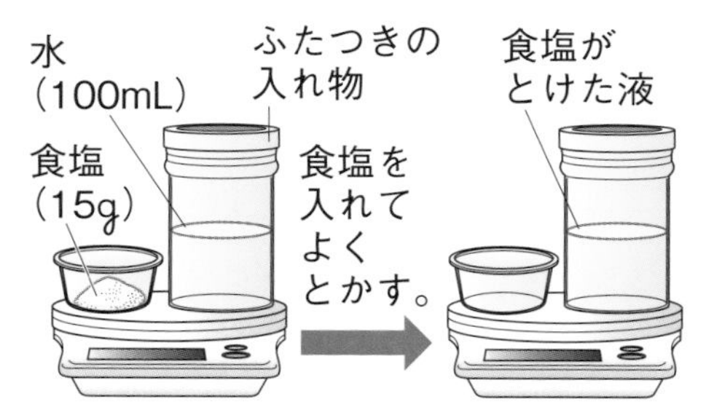

結果

- 食塩をとかす前ととかした後の全体の重さは変わらなかった。

考察

- 食塩は，水にとけて見えなくなっても，なくなっていない。
- 食塩は，水にとけても重さは変わらない。

ものは，水にとけて見えなくなっても，**なくなってはいない。**
ものは，水にとけても，**重さは変わらない。**

実験 ▶ とけたものは液の中でどうなっているかを調べる

コーヒーシュガーやかたくり粉を水に入れてみる。

結果 コーヒーシュガーを入れた液はすき通っているが，かたくり粉を入れた液はかたくり粉が底にしずんでいる。

考察 水にとけたものは，液全体に同じように広がる。

コーヒーシュガーを
水に入れる。
コーヒーシュガー
水

水の中でものが均一に広がってすき通った液になることを，ものが**水にとける**といい，ものが水にとけた液を**水よう液**という。

キーポイント

▶ものを水に入れたとき，液がすき通った液になることを，ものが水にとけるという。
▶ものが水にとけた液のことを，水よう液という。

1 **食塩を水にとかしたときの重さについて調べました。次の問いに答えましょう。**

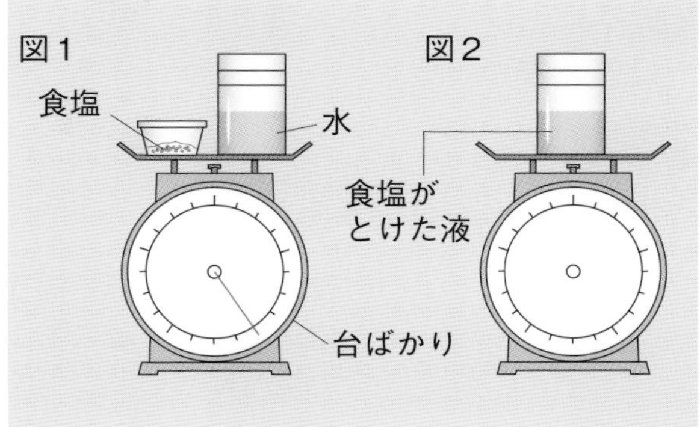

(1) 図１のようにして，水にとかす前の食塩と水の重さをはかりました。食塩をとかした後，図２のようにして，全体の重さをはかったとき，図１のときと同じ重さにはなりませんでした。それはなぜですか。
（　　　　　　）

(2) 図２を，正しいはかり方にするには，どのようにしたらよいですか。
（　　　　　　）

(3) 50gの水に4gの食塩を入れてよくかき混ぜました。できた水よう液の重さは何gですか。（　　　）

(4) 100gの水に食塩を入れてかき混ぜると，120gの水よう液ができました。何gの食塩を入れましたか。（　　　）

2 **右の図のようにして，コーヒーシュガーとかたくり粉を計量スプーンで１ぱいずつとって，別々のビーカーの水に入れてかき混ぜ，次の日に液がどうなっているかを調べました。次の問いに答えましょう。**

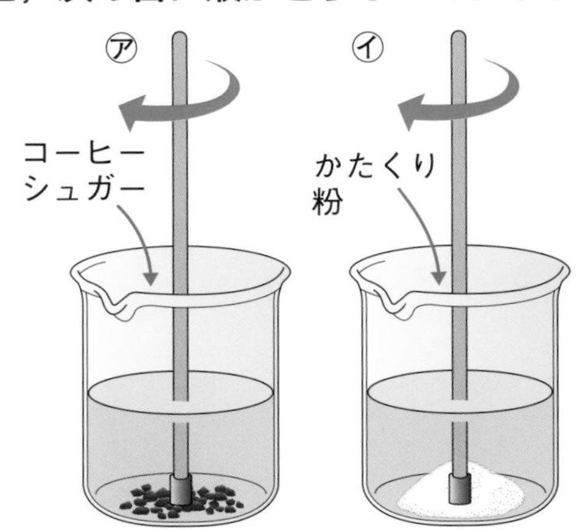

(1) ㋐の液は，どうなっていますか。ア〜エから選びましょう。（　　　）

ア　茶色で，すき通っている。
イ　茶色で，にごっている。
ウ　とうめいで，すき通っている。
エ　白色で，にごっている。

(2) 底にしずんだものがあるのは，㋐，㋑のどちらですか。（　　　）

(3) ものが水にとけたといえるのは，㋐，㋑のどちらですか。（　　　）

(4) (3)のような液を何といいますか。
（　　　　　　）

中学へのステップアップ

水溶液にとけている砂糖などの物質を溶質といい，水のように溶質をとかす液体を溶媒といいます。

16 もののとけ方

答え▶23ページ

ハイレベル

1 水にとけて見えなくなった食塩のゆくえを調べる実験を行いました。あとの問いに答えましょう。

実験

実験1　水をじょう発させる。

ガラスぼうについた液をスライドガラスの上に落とし，そのスライドガラスを，①風通しがなく，日光が当たらない場所に置いて，早くかわくようにしたよ。

実験2　重さをはかる。

食塩を水に入れる前と入れたあとの全体の重さをはかったら，②同じになったよ。

実験3　食塩以外のものをとかしたらどうなるか調べる。

水にでんぷんを入れてかき混ぜたら，③時間がたってもにごっているよ。

(1)　下線部①の実験操作は，まちがっています。正しく書き直しましょう。
(　　　　　　　　)

(2)　下線部②より，どのようなことがわかりますか。
(　　　　　　　　)

(3)　下線部③より，どのようなことがわかりますか。
(　　　　　　　　)

(4)　ものが水にとけた液のことを何といいますか。　(　　　　　)

(5)　(4)の液について，**ア**～**エ**のうち，正しいものをすべて選びましょう。
(　　　　　)

ア　すべての液がすき通って見える。
イ　液がにごって見えるものもある。
ウ　すべての液に色がついていない。
エ　液に色がついているものもある。

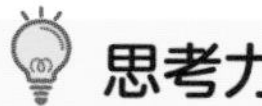

思考力アップ

実験結果からわかることを，１つずつ整理していきましょう。

❷ 食塩をとかす前とあとで，全体の重さが変わるかどうかを調べる実験をしました。あとの問いに答えましょう。

❶ 食塩を水にとかす前の ㋐ の重さをはかる。

❷ 水の入った容器に食塩を入れ，よくふって，食塩をとかす。

❸ 食塩を水にとかしたあとの ㋐ の重さをはかる。

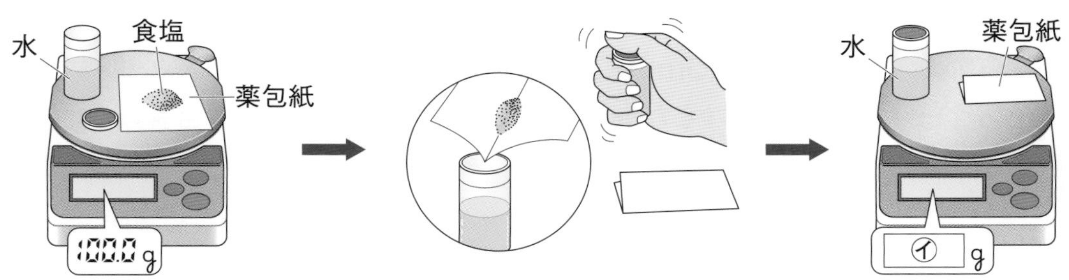

(1) 変化のようすを調べるために，㋐の重さをはかります。㋐にあてはまる言葉を書きましょう。 (　　　　　)

(2) ㋑にあてはまる数字を書きましょう。 (　　　　　)

❸ ものを水に入れてかき混(ま)ぜ，水にとけるかどうかを調べました。次の問いに答えましょう。

(1) コーヒーシュガー，かたくり粉(こ)，砂糖(さとう)のうち，水にとけるものはどれですか。すべて選びましょう。 (　　　　　)

(2) 10gの食塩を200gの水に入れたところ，食塩はすべて水にとけました。この水よう液(すいようえき)の重さは何gですか。 (　　　　　)

(3) (2)のとき，水にとけた食塩はなくなりましたか，なくなっていませんか。 (　　　　　)

(4) 水よう液(すいようえき)の重さを，「水の重さ」と「とかしたものの重さ」の言葉を使った式で表しましょう。

水よう液(すいようえき)の重さ＝(　　　　　)

(5) 右の図の㋐は，水に食塩を加えて，すぐのようすを表しています。しばらくして，食塩が水にとけて水よう液(すいようえき)になったようすを，図の㋑にかきこみましょう。●は，食塩のつぶを表しています。

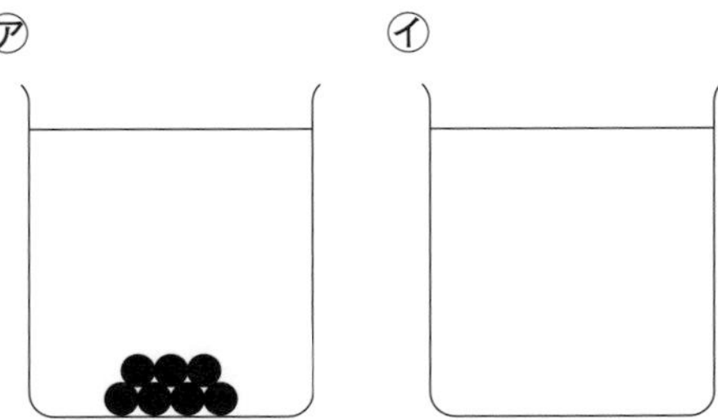

答え▶23ページ

17 ものが水にとける量

標準レベル

●ものが水にとける量

実験 水の量を変えて，ものが水にとける量を調べる

●20℃の水50mL，100mLに食塩とミョウバンがそれぞれ何gずつとけるかを調べてみよう！

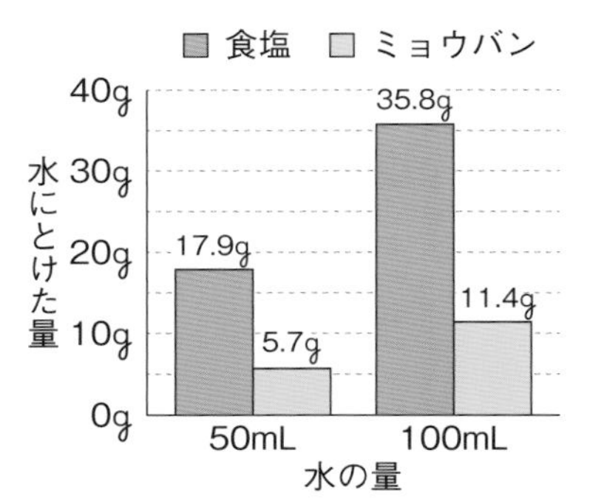

！結果

	水の量	50mL	100mL
とけた量	食塩	17.9g	35.8g
	ミョウバン	5.7g	11.4g

★考察 水の量を増やすと，水にとけるものの量も増える。
水の量を2倍にすると，とけるものの量も2倍になる。

実験 水の温度を変えて，ものが水にとける量を調べる

●20℃，40℃，60℃の水50mLに食塩とミョウバンがそれぞれ何gずつとけるかを調べてみよう！

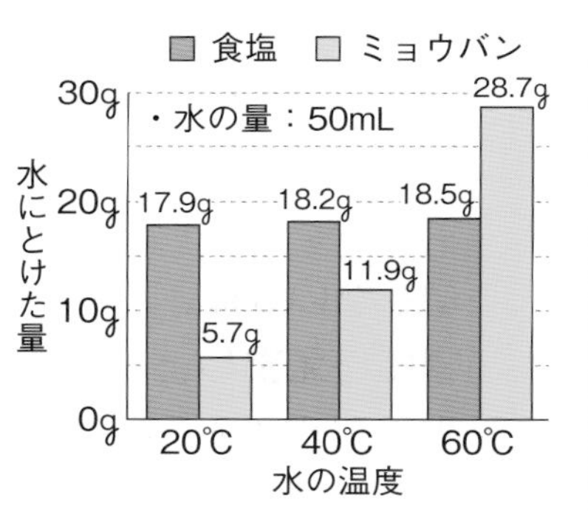

！結果

	水の温度	20℃	40℃	60℃
とけた量	食塩	17.9g	18.2g	18.5g
	ミョウバン	5.7g	11.9g	28.7g

★考察 食塩は，水の温度を上げても，とける量がほとんど変わらない。
ミョウバンは，水の温度を上げると，とける量が増える。

水の量を増やすと，ものが水にとける量も増える。
水の温度を上げると，ミョウバンはとける量が増えるが，食塩はほとんど変わらない。
水の温度を上げたときのとけるものの量の変化のしかたは，とけるものによってちがう。

キーポイント

▶水の量を増やすと，水にとけるものの量も増える。
▶水の温度を上げたとき，水にとける量の変化のしかたは，とけるものによってちがう。

1 右の図のように，水50mLをビーカーに入れ，食塩を計量スプーンにすり切り1ぱい（約2.8g）ずつ加えてかき混ぜ，何ばいまでとけるかを調べました。次に，水の量を100mL，150mLにして，食塩が何ばいまでとけるかを調べました。表は，その結果を示したものです。これについて，あとの問いに答えましょう。

水の量	50mL	100mL	150mL
とけた食塩の量	すり切り6はい	すり切り12はい	すり切り18はい

(1) 表にまとめた水の量ととけた食塩の量との関係を，右のグラフにぼうグラフで表しましょう。

(はい) とけた食塩の量 20 15 10 5 0 / 50 100 150 (mL) 水の量

(2) 水の量を増やすと，水にとける食塩の量はどのようになりますか。

（　　　　　　　　　）

2 同じ量の水を入れたビーカーを3つ用意し，それぞれの温度を20℃，40℃，60℃にして，水の温度と水にとけるミョウバンの量との関係を調べました。右の表は，その結果です。次の問いに答えましょう。

水の温度	20℃	40℃	60℃
とけたミョウバンの量	すり切り2はい	すり切り4はい	すり切り11はい

※計量スプーンすり切り1ぱいのミョウバンは約2.5g。

(1) 水の温度を60℃にすると，20℃のときと比べて，とけるミョウバンの量はどのようになりますか。

（　　　　　　　　　）

(2) この実験から，水の温度と水にとけるミョウバンの量について，どのようなことがわかりますか。

（　　　　　　　　　　　　　　　　　　）

中学へのステップアップ

物質がそれ以上とけることができない水溶液を飽和水溶液といい，ある物質を100gの水にとかして飽和水溶液にしたときのとけた質量を溶解度といいます。

17 ものが水にとける量

答え▶24ページ

1 水よう液にとけ残ったものをとかすにはどうすればよいかを調べる実験を行いました。あとの問いに答えましょう。

実験

実験1　食塩とミョウバンの水にとける量を，水の量を増やして調べた。

水の量を増やすから，変える条件は水の［　　］にして，ものがとける量を比べればいいね。

とかす食塩やミョウバンの量は，計量スプーンに①<u>およそ1ぱいの半分</u>ずつ入れてかき混ぜたよ。

実験2　食塩とミョウバンの水にとける量を，水の温度を上げて調べた。

水の温度を上げるから，同じにする条件は水の［　　］だね。

②<u>実験中は，水の温度が下がらないようにするためには，どのようにしたらよいだろうか？</u>

(1)　実験1の［　　］にあてはまる言葉を書きましょう。

（　　　　）

(2)　下線部①の実験操作は，まちがっています。正しく書き直しましょう。

（　　　　）

(3)　実験2の［　　］にあてはまる言葉を書きましょう。

（　　　　）

(4)　下線部②について，実験中は，水の温度が下がらないようにするためには，どのようにしたらよいかを書きましょう。

（　　　　）

(5)　実験1，2の結果は，どのように整理すればわかりやすくなりますか。整理する方法を1つ書きましょう。

（　　　　）

思考力アップ

実験結果を整理するときは，どのようにしたら実験結果を比べやすいかを考えましょう。

2 **右の図のように，20℃の水50mLをビーカーに入れ，ホウ酸を計量スプーンにすり切り1ぱいずつ加えてよくかき混ぜ，何ばいまですべてとけるかを調べました。次に，水を200mLにして調べました。表は，その結果を示したものです。あとの問いに答えましょう。**

水の量	50mL	200mL
とけたホウ酸の量	1ぱい	4はい

(1) 50mLの水にとけるホウ酸の量には，限りがあるといえますか。
（　　　　　　　）

(2) 20℃の水150mLに，ホウ酸は最大で何ばいとけますか。（　　　　　　　）

3 **右の表は，20℃，40℃，60℃の水50mLにとかすことができる食塩とミョウバンの量を示したものです。次の問いに答えましょう。**

水の温度	20℃	40℃	60℃
食塩	17.9g	18.2g	18.5g
ミョウバン	5.7g	11.9g	28.7g

(1) 20℃の水50mLをそれぞれ別々のビーカーに入れ，一方に食塩15.0g，もう一方にミョウバン15.0gをそれぞれ加えてよくかき混ぜました。それぞれすべてとけますか，とけ残りますか。

食塩（　　　　　　　）　ミョウバン（　　　　　　　）

(2) 20℃の水50mLをそれぞれ別々のビーカーに入れ，一方に食塩25.0g，もう一方にミョウバン25.0gを加えました。これらの水よう液の温度を60℃まで上げていくとき，どのくらいの温度ですべてとけますか。**ア**～**ウ**から選びましょう。　食塩（　　　）　ミョウバン（　　　）

ア　20～40℃の間　　**イ**　40～60℃の間　　**ウ**　60℃でもとけ残る。

(3) 20℃の水50mLに食塩20.0gを加えたところ，とけ残りがありました。食塩のとけ残りをとかすには，「水を加える方法」と「温度を上げる方法」のどちらがよいですか。（　　　　　　　）

(4) (3)の方法がよいと考えられるのはなぜですか。
（　　　　　　　　　　　　　　）

(5) 40℃の水50mLにミョウバンを15.0g加えてよくかき混ぜたところ，とけ残りました。とけ残ったミョウバンは何gですか。（　　　　　　　）

(6) 60℃の水50mLにミョウバンを15.0g加えてよくかき混ぜました。あと何gのミョウバンをとかすことができますか。（　　　　　　　）

答え▶24ページ

18 水にとけたもののとり出し方

標準レベル

●水にとけたものをとり出す

実験 ▶水にとけているものをとり出すことができるかを調べる

●水よう液を冷やしたり，水よう液から水をじょう発させたりして，とけているものをとり出すことができるか調べてみよう！

❶水よう液を冷やす。

結果

● 食塩の水よう液
→食塩は，ほとんど出てこなかった。

● ミョウバンの水よう液
→ミョウバンが出てきた。

★考察

ミョウバンの水よう液を冷やすとミョウバンをとり出すことができるが，食塩の水よう液を冷やしても食塩をほとんどとり出すことはできない。

❷水よう液から水をじょう発させる。

注意
保護眼鏡をかけ，じょう発皿を上からのぞきこまないようにしよう。

結果

● 食塩の水よう液
→食塩が出てきた。

● ミョウバンの水よう液
→ミョウバンが出てきた。

★考察

ミョウバンの水よう液も食塩の水よう液も，水をじょう発させると，とけていたものをとり出すことができる。

ミョウバンの水よう液を冷やすと，とけていた**ミョウバンをとり出すことができる**。食塩の水よう液を冷やしても，とけている**食塩はほとんどとり出すことができない**。ミョウバンの水よう液も食塩の水よう液も，**水をじょう発させると，水にとけていたものをとり出すことができる**。

キーポイント
- 水よう液を冷やすと，ミョウバンはとり出せるが，食塩はほとんどとり出せない。
- 水よう液の水をじょう発させると，とけていたものをとり出すことができる。

1 **ミョウバンをたくさんとかした水よう液を置いておくと，図1のようにミョウバンのつぶが出てきました。そこで，図2のようにして，液と出てきたミョウバンのつぶを分けました。次の問いに答えましょう。**

(1) 図2のように，液体とつぶを分ける方法を何といいますか。

(　　　　　　　　)

(2) 図2の㋐～㋒をそれぞれ何といいますか。

㋐(　　　　　)　㋑(　　　　　)　㋒(　　　　　)

(3) 図2には，足りない器具が1つあります。その器具の名前と，その器具をどのように使うかを書きましょう。　名前(　　　　　　　　)

使い方(　　　　　　　　　　　　　　　　)

2 **図1のように，食塩をとけ残りが出るまでとかした水よう液から液だけをとり，図2のように冷やしました。あとの問いに答えましょう。**

図1

図2

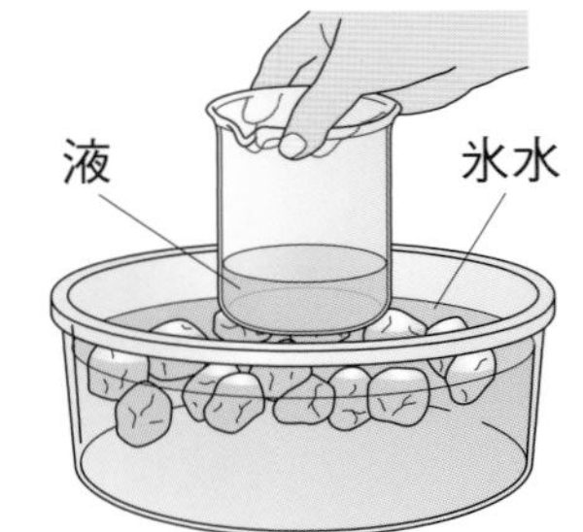

(1) 図2のように液を冷やすと，食塩はどうなりますか。ア，イから選びましょう。　(　　　)

ア　食塩が出てくる。

イ　食塩はほとんど出てこない。

(2) 図2の液から食塩をとり出すには，図2の液をどのようにしたらよいですか。

(　　　　　　　　　　　　　　　　)

中学へのステップアップ

水溶液を冷やしたり，水を蒸発させたりして，水溶液からとり出した固体を結晶といい，結晶は物質によって決まった形をしています。

18 水にとけたもののとり出し方

答え▶25ページ

ハイレベル

1 2つのビーカーには，40℃の水にできるだけとかした，食塩とミョウバンのどちらかの水よう液が入っています。それぞれのビーカーに入っている水よう液が何かを調べる実験を行いました。あとの問いに答えましょう。

実験

実験1　食塩とミョウバンのそれぞれの水よう液をろ過し，ろ過した液を入れたビーカー㋐，㋑を冷やした。

ビーカー㋐，㋑を20℃の水に入れたら，ビーカー㋐からは，ほとんど何も出てこなかったけれど，ビーカー㋑からは，つぶが出てきたよ。

次に，ビーカー㋐，㋑を氷水に入れたら，ビーカー㋐からは，ほとんど何も出てこなかったけれど，ビーカー㋑からは，20℃のときより多くのつぶが出てきたよ。

実験2　ビーカー㋐，㋑のそれぞれの水よう液をじょう発皿にとって，水をじょう発させた。

液を実験用ガスコンロでじょう発させるとき，よく観察できるように，保護眼鏡をかけていれば，①じょう発皿を上からのぞきこんでもいいと思うよ。

②液がなくなる前に実験用ガスコンロの火を消して，じょう発皿を観察したら，ビーカー㋐，㋑のどちらの液にも，つぶを観察することができたよ。

(1)　下線部①，②の実験操作のうち，危険な操作はどちらですか。

下線部（　　　　）

(2)　(1)で選んだ実験操作を正しく行うには，どのようにすればよいですか。

（　　　　　　　　　　　　　　　　　　　　）

(3)　ビーカー㋐，㋑の水よう液のうち，食塩の水よう液はどちらですか。

ビーカー（　　　　）

(4)　(3)のように考えたのは，なぜですか。

（　　　　　　　　　　　　　　　　　　　　）

思考力アップ

正しい実験操作を覚えて，危険なことがないようにしましょう。

2 **右の図は，食塩とミョウバンがいろいろな温度の水100mLにどれくらいの量がとけるかをそれぞれ調べ，ぼうグラフで表したものです。次の問いに答えましょう。**

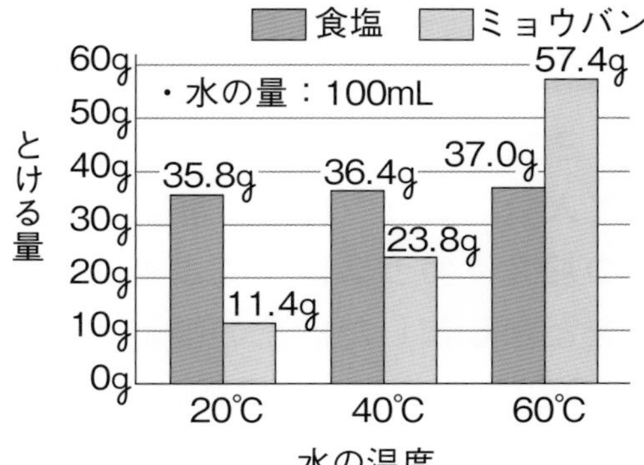

(1) 食塩とミョウバンをそれぞれ60℃の水100mLにとけるだけとかし，水よう液をつくりました。できた水よう液をそれぞれ20℃まで冷やしたとき，出てくるつぶの量が多いのは，食塩の水よう液とミョウバンの水よう液のどちらですか。 (　　　　　　)の水よう液

(2) (1)で答えた水よう液で，出てくるつぶの量が多かったのは，なぜですか。

(　　　　　　　　　　　　　　　　　　　　　　　　)

(3) (1)で，出てきたつぶが少なかった水よう液から，とけていたものをとり出すには，どのようにすればよいですか。

(　　　　　　　　　　　　　　　　　　　　　　　　)

(4) (1)の食塩の水よう液とミョウバンの水よう液で，出てきたつぶは，それぞれ何gですか。 食塩(　　　　　　) ミョウバン(　　　　　　)

ちょこっとサイエンス

ミョウバンの大きなつぶをつくってみましょう。

ミョウバンをよくあたためた水にとけるだけとかしてから，ゆっくりと冷やすと，大きくてきれいなつぶをつくることができます。

① 40℃の湯にとけ残りが出るまでミョウバンをとかし，その中に糸をたらして冷まします。糸にミョウバンのつぶができるので，大きくて形のよいつぶを1つぶ残します。

② ミョウバンの水よう液をもう一度あたためてから40℃くらいに冷まします。

③ もう一度①の糸をたらし，40℃の湯を入れた発ぽうポリスチレンの入れ物に入れてゆっくり冷まします。

ミョウバンのつぶをもっと大きくしたいときは，②，③をくりかえします。

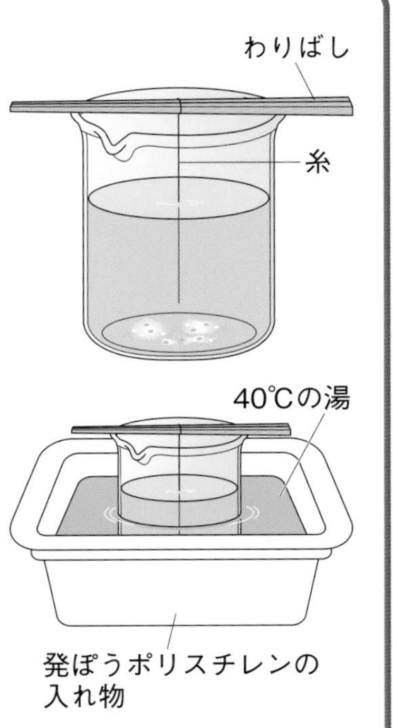

チャレンジテスト

1 2つのビーカーにそれぞれ60℃の水100mLを入れ，ミョウバンと食塩をそれぞれ20gずつ加え，ガラスぼうでよくかき混(ま)ぜて，全部をとかしました。その後，水(すい)よう液(えき)の温度を20℃に下げ，水(すい)よう液(えき)のようすを観察したところ，つぶが見られるビーカーがありました。右のグラフは，100mLの水にとけるミョウバンと食塩の量が温度によってどのように変わるかを表したものです。次の問いに答えましょう。

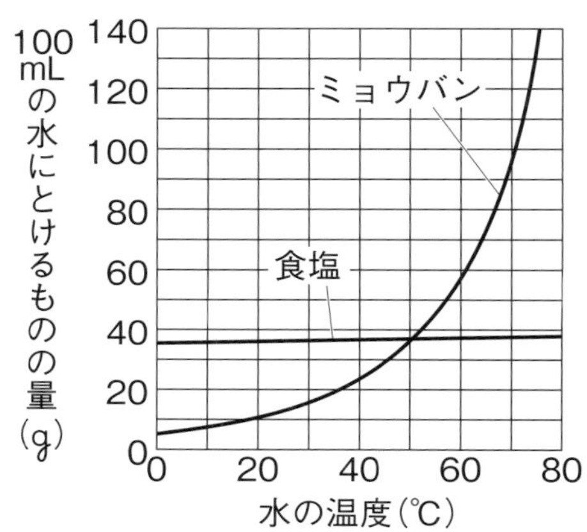

1つ10〔50点〕

(1) 下線部のつぶが見られるビーカーは，ミョウバンと食塩のどちらの水(すい)よう液(えき)のビーカーですか。（　　　　）

(2) (1)のように答えたのは，なぜですか。
（　　　　　　　　　　　　　　　　）

(3) (1)のビーカーでは，およそ何gのつぶが見られますか。ア～エから選びましょう。（　　　）

ア　5g　　イ　10g
ウ　12g　　エ　17g

(4) 大きなつぶがビーカーの中で見られるようにするには，どうすればよいですか。その方法を1つ書きましょう。
（　　　　　　　　　　　　　　　　）

(5) つぶが入ったビーカーをろ過(か)する方法として正しいものを，㋐～㋓から選びましょう。（　　　）

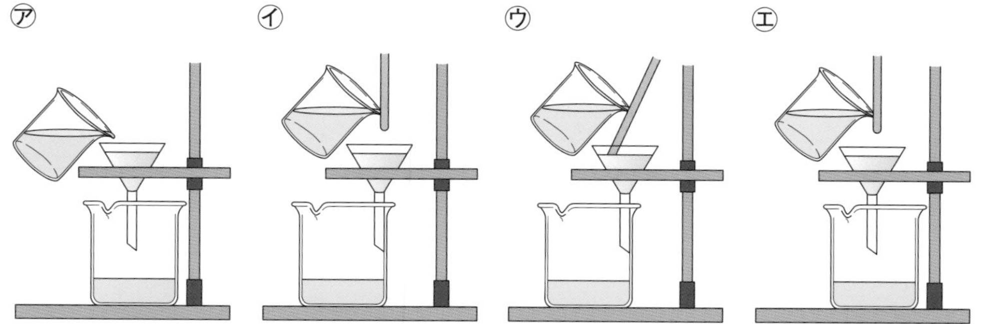

得点　　点

2 次のグラフは，100mLの水にホウ酸（さん）や食塩のとける最大量が，水の温度によってどのように変わるかを示（しめ）したものです。表は，各温度でのグラフの値（あたい）を読みとったものです。また，1mLの水の重さは1gであり，水の体積は温度によって変化しないものとします。あとの問いに答えましょう。　1つ10〔50点〕

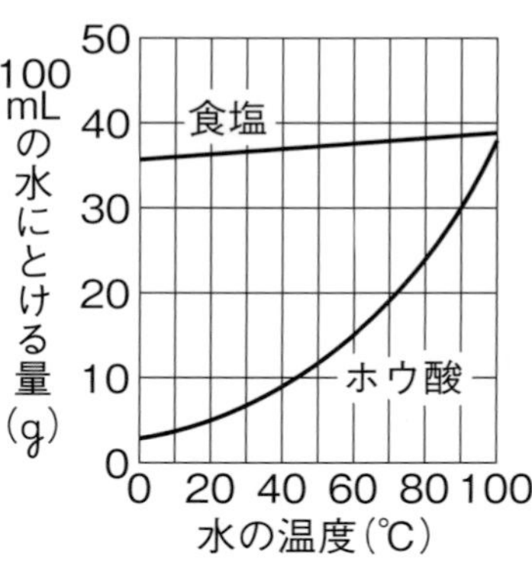

温　　度(℃)	0	20	40	60	80	100
食塩のとける量(g)	35.6	35.8	36.3	37.1	38.0	39.3
ホウ酸のとける量(g)	2.8	4.9	8.9	14.9	23.6	38.0

(1)　40℃の水50mLにホウ酸は何gとけますか。小数第1位で割（わ）り切れない場合は，小数第2位を四捨五入（ししゃごにゅう）して，小数第1位まで求めましょう。
（　　　　　）

(2)　40℃で食塩を最大量とかした水よう液（すいようえき）100mLには，食塩は何gとけていますか。小数第1位で割り切れない場合は，小数第2位を四捨五入して，小数第1位まで求めましょう。（　　　　　）

(3)　60℃の水200mLにホウ酸を最大量とかした水よう液を20℃まで冷やしました。とけきれなくなって出てくるホウ酸のつぶは何gですか。小数第1位で割り切れない場合は，小数第2位を四捨五入して，小数第1位まで求めましょう。
（　　　　　）

(4)　ホウ酸30gに食塩3gを混（ま）ぜたものをAのビーカーに，食塩30gにホウ酸3gを混ぜたものをBのビーカーに入れます。あたためた水100mLを加えて完全にとかしてから10℃近くまで冷やしたところ，一方のビーカーにだけつぶが出てきました。つぶが出てきたのは，A，Bどちらのビーカーですか。ただし，ホウ酸と食塩を混ぜて100mLの水にとかしても，それぞれがグラフと同じようにとけるものとします。（　　　）

(5)　(4)で出てきたつぶをろ過（か）して，とり出しました。そのつぶについて正しいものを，ア～オから選びましょう。（　　　）

ア　食塩とホウ酸がほぼ半分ずつ混じったものである。
イ　食塩に少しのホウ酸が混じったものである。
ウ　ホウ酸に少しの食塩が混じったものである。
エ　食塩のみである。　**オ**　ホウ酸のみである。

答え▶27ページ

19 ふりこのきまり

標準レベル

●ふりこの１往復する時間とふりこの長さ

実験 ▶ ふりこの１往復する時間とふりこの長さについて調べる

●ふりこの１往復する時間の求め方

❶ふりこの１０往復する時間をはかり，１０で割る。

❷❶のようにして，ふりこの１往復する時間を３回調べ，平均を求める。

（１回目＋２回目＋３回目）÷３
＝１往復する時間の平均

割り切れないときは，小数第２位を四捨五入するよ。

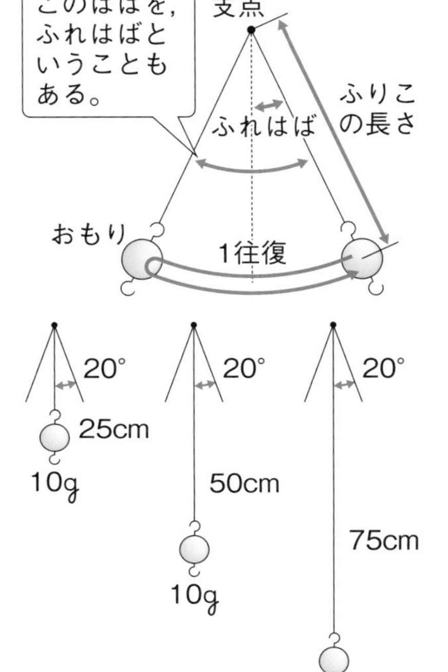

●ふりこの長さを変えて，ふりこの１往復する時間を調べる

変える条件	変えない条件
ふりこの長さ	ふれはば おもりの重さ

結果

ふりこの長さ	10往復する時間			1往復する時間			
	1回目	2回目	3回目	1回目	2回目	3回目	平均
25cm	9秒	11秒	10秒	0.9秒	1.1秒	1.0秒	1.0秒
50cm	15秒	16秒	14秒	1.5秒	1.6秒	1.4秒	1.5秒
75cm	19秒	18秒	17秒	1.9秒	1.8秒	1.7秒	1.8秒

★考察

ふりこの長さを長くすると，ふりこの１往復する時間は長くなる。

ふりこの１往復する時間は，**ふりこの長さによって変わる。**
ふりこの長さが長いほど，ふりこの１往復する時間は長くなる。

キーポイント
▶ふりこが1往復(おうふく)する時間は，ふりこの長さで変わる。
▶ふりこの長さが長いほど1往復(おうふく)する時間は長く，短いほど1往復(おうふく)する時間は短い。

1 右の図のようなふりこの1往復(おうふく)する時間を調べました。次の問いに答えましょう。

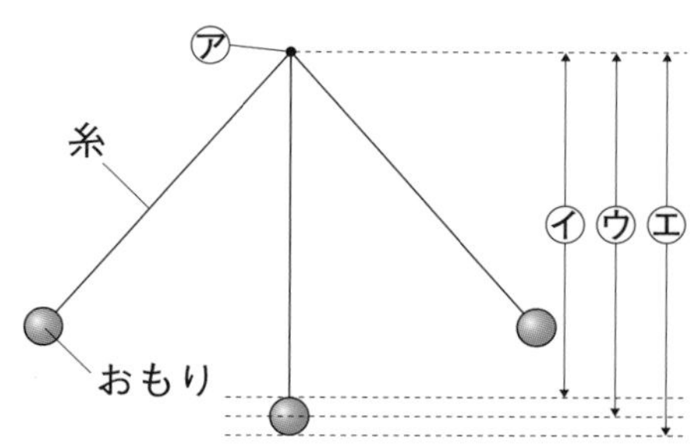

(1) 固定したⓐの部分を何といいますか。

(　　　　　　　　　　)

(2) ふりこの長さを正しく表しているものは，ⓘ，ⓤ，ⓔのどれですか。

(　　　　)

(3) ふりこを利用しているものを，ア～エからすべて選びましょう。

(　　　　　　　　　　)

ア　はさみ　　イ　ブランコ　　ウ　台ばかり　　エ　メトロノーム

2 次の表は，ふりこの長さを変えて，10往復(おうふく)する時間を3回ずつストップウォッチで調べたものです。あとの問いに答えましょう。

ふりこの長さ	10往復する時間（秒）			1往復する時間（秒）			
	1回目	2回目	3回目	1回目	2回目	3回目	平均
25cm	10.2	10.0	10.1	1.02	①	1.01	㋐
50cm	15.2	15.3	14.8	②	1.53	1.48	㋑
75cm	17.8	18.1	18.1	1.78	1.81	③	㋒

※おもりの重さとふれはばは変えない。

(1) 表の①～③にあてはまる数字を書きましょう。

(2) 1往復(おうふく)する時間の平均(へいきん)を，表の㋐～㋒に書きましょう。ただし，小数第2位を四捨五入(ししゃごにゅう)して書きましょう。

(3) ふりこの長さを長くすると，ふりこの1往復(おうふく)する時間はどのようになりますか。(　　　　　　　　　　)

(4) ふりこの1往復(おうふく)する時間を短くするには，どのようにすればよいですか。

(　　　　　　　　　　)

中学へのステップアップ

運動(うんどう)している物体(ぶったい)がもつエネルギーを運動(うんどう)エネルギー，高い位置(いち)にある物体がもつエネルギーを位置(いち)エネルギーといいます。

19 ふりこのきまり

答え▶27ページ

ハイレベル

1 ふりこの長さを変えて，ふりこの１往復する時間を調べました。

実験

ふりこの長さだけを変えて，ふりこが１往復する時間を調べた。

変える条件は，［　　］だね。では，①変えない条件は，何にしたらいいのかな？

ふりこの動きが速いので，１往復する時間をはかるのは，むずかしいね。だから，４年生の算数で学習した②平均を使ったらいいね。次の表の空らんには，平均を使って求めた数字が入るよ。

結果

ふりこの長さ	10往復する時間（秒）				1往復する時間（秒）
	1回目	2回目	3回目	10往復の平均	
50cm	14.2	13.9	14.0	①	②
100cm	20.1	20.0	19.9	③	④

(1)　［　　］にあてはまる言葉を書きましょう。（　　　　）

(2)　下線部①の変えない条件は何ですか。２つ書きましょう。
（　　　　）（　　　　）

(3)　下線部②のように，平均を使うのはなぜですか。
（　　　　）

(4)　上の表の空らんにあてはまる数字を書きましょう。ただし，小数第２位を四捨五入して書きましょう。
①（　　　）②（　　　）③（　　　）④（　　　）

(5)　結果を表した上の表から，「ふりこの長さ」と「ふりこが１往復する時間」にはどのような関係があることがわかりますか。
（　　　　）

思考力アップ

実験結果を整理するのに，平均をよく使います。平均の求め方を思い出しましょう。

2 70cmの糸と，20gのおもりを使い，ふりこの実験をしました。図のように，支点からおもりの中心までを60cmにして，10往復の時間をはかりました。結果は，次の表のとおりです。あとの問いに答えましょう。

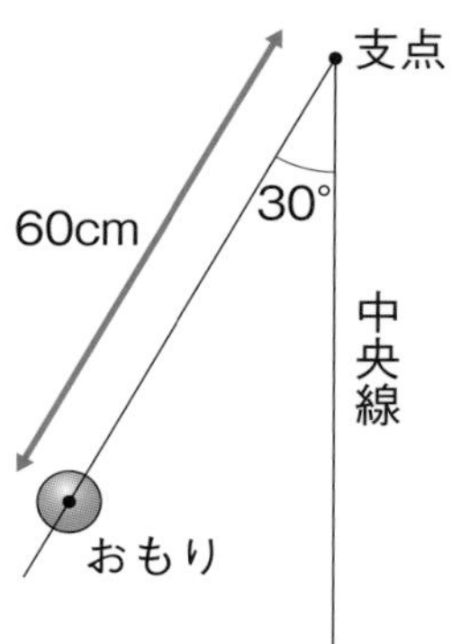

(中央線から30°のところからふる。)

回	1回	2回	3回	4回	5回
秒	15.5	15.4	15.8	17.5	15.7

(1) 5回の実験のうちで，明らかに測定にミスがあったと考えられるのは，何回目の実験か書きましょう。
( )

(2) (1)の測定ミスの原因として考えられるのは，どれですか。ア～エから選びましょう。 ( )

ア おもりが上へずれた。 **イ** おもりが下へずれた。

ウ おもりが上下した。 **エ** 糸がまきつき，ふりこの長さが短くなった。

(3) このふりこは，10往復するのに何秒かかるといえますか。(1)の測定ミスをのぞいて書きましょう。 ( )

(4) このふりこは，1往復するのに何秒かかるといえますか。小数第2位を四捨五入して書きましょう。 ( )

3 ふりこの長さが，1mと25cmの2つのふりこがあります。このふりこを使って実験をしました。次の表は，それぞれのふりこが10往復にかかる時間を調べた結果です。あとの問いに答えましょう。

A	20.2	19.6	19.9	20.4	19.8	20.1	20.0
B	10.3	10.2	9.8	10.0	9.7	9.9	10.1

(1) A，Bは，それぞれ10往復に何秒かかるといえますか。

A( ) B( )

(2) A，Bは，それぞれ1往復に何秒かかるといえますか。

A( ) B( )

(3) 次の文の□にあてはまる数を書きましょう。 ( )

この実験から，ふりこの長さが25cmから1mの4倍になったとき，1往復にかかる時間は□倍になることがわかる。

答え▶28ページ

20 ふりこの１往復する時間

標準レベル

●ふりこの１往復する時間とふりこのふれはば，おもりの重さ

実験 ▶ふりこの１往復する時間とふりこのふれはばについて調べる

●ふれはばを変えて，ふりこの１往復する時間を調べてみよう！

変える条件	変えない条件
ふれはば	ふりこの長さ おもりの重さ

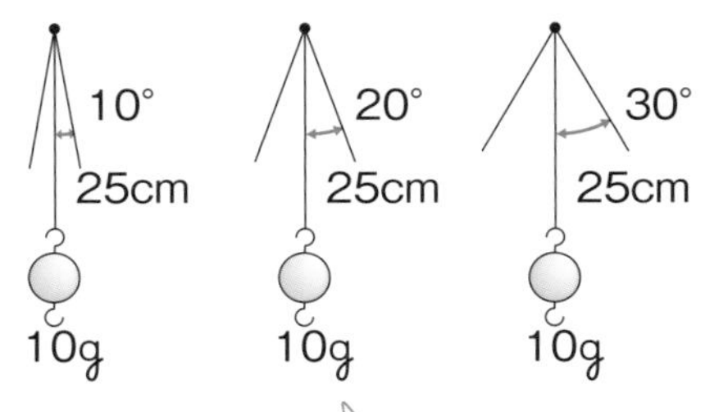

角度をはかるときは，糸がたるまないようにする。

結果

ふれはば	１往復する時間			
	１回目	２回目	３回目	平均
10°	1.0秒	1.1秒	1.0秒	1.0秒
20°	0.9秒	1.1秒	1.0秒	1.0秒
30°	1.0秒	1.1秒	0.9秒	1.0秒

★考察　ふれはばを変えても，ふりこの１往復する時間は変わらない。

実験 ▶ふりこの１往復する時間とおもりの重さについて調べる

●おもりの重さを変えて，ふりこの１往復する時間を調べてみよう！

変える条件	変えない条件
おもりの重さ	ふりこの長さ ふれはば

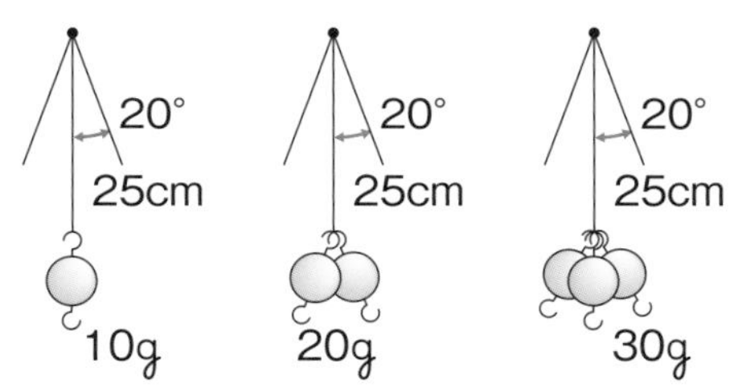

注意
おもりをつなぐときは，おもりをたてにつないではいけない！

結果

おもりの重さ	１往復する時間			
	１回目	２回目	３回目	平均
10g	0.9秒	1.1秒	1.0秒	1.0秒
20g	1.0秒	1.0秒	1.1秒	1.0秒
30g	1.0秒	1.0秒	0.9秒	1.0秒

★考察　おもりの重さを変えても，ふりこの１往復する時間は変わらない。

ふりこの１往復する時間は，**ふれはばやおもりの重さによって変わらない。**

キーポイント

▶ふりこの１往復する時間は，ふれはばによって変わらない。
▶ふりこの１往復する時間は，おもりの重さによって変わらない。

1 **次の図１，２のようなふりこを用意し，㋐〜㋓のようにして，ふりこの１往復する時間を調べました。あとの問いに答えましょう。**

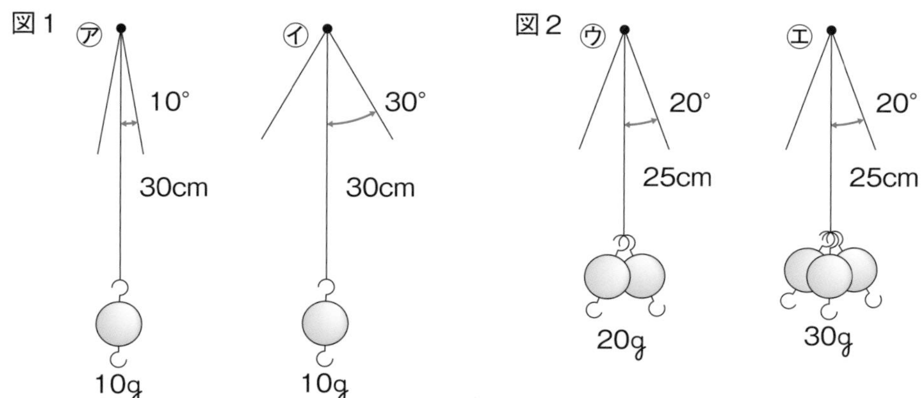

(1)　図１の㋐と㋑を，ふれはばが10°と30°になるようにしてふりました。

①　㋐と㋑の結果を比べると，ふりこの１往復する時間と何の関係を調べることができますか。　（　　　　　　　　）

②　ふりこの１往復する時間は，どのようになりますか。**ア〜ウ**から選びましょう。　（　　　）

ア　㋐のほうが長い。
イ　㋑のほうが長い。
ウ　㋐と㋑は同じ時間になる。

(2)　図２の㋒と㋓を，ふれはばが同じになるようにしてふりました。

①　㋒と㋓の結果を比べると，ふりこの１往復する時間と何の関係を調べることができますか。　（　　　　　　　　）

②　ふりこの１往復する時間は，どのようになりますか。**ア〜ウ**から選びましょう。　（　　　）

ア　㋒のほうが長い。
イ　㋓のほうが長い。
ウ　㋒と㋓は同じ時間になる。

(3)　ふれはばやおもりの重さを変えると，ふりこの１往復する時間は，変わりますか，変わりませんか。

ふれはば（　　　　　　　　）
おもりの重さ（　　　　　　　　）

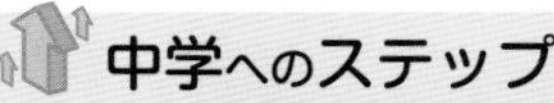

中学へのステップアップ

運動エネルギーと位置エネルギーを合わせたエネルギーを力学的エネルギーといいます。

学習した日　　月　　日

20 ふりこの1往復する時間

答え▶28ページ

ハイレベル

1 ふれはばやおもりの重さを変えて，ふりこの1往復する時間を調べました。あとの問いに答えましょう。

実験

実験1　ふれはばを変えて，ふりこの|往復する時間を調べた。

ふれはばを変えて調べるわけだから，変える条件は「ふれはば」だね。では，変えない条件は，「ふりこの長さ」と「　　　」だね。

ふれはばをはかるときは，①ふりこを正面から見て，厚紙にかかれたふれはばの線とぴったり重なるようにしたよ。

実験2　おもりの重さを変えて，ふりこの|往復する時間を調べた。

複数のおもりをつるすときは，②おもりをたてにつないだよ。

(1) 　　　にあてはまる言葉を書きましょう。　（　　　　　　）

(2) 下線部①の実験操作では，ふりこを正面から見ています。ななめから見てはいけないのはなぜですか。

（　　　　　　　　　　　　　　　　　　　　）

(3) 下線部②の実験操作は，まちがっています。2個目のおもりはどのようにつるしますか。右の図に，2個目のおもりをかき入れましょう。

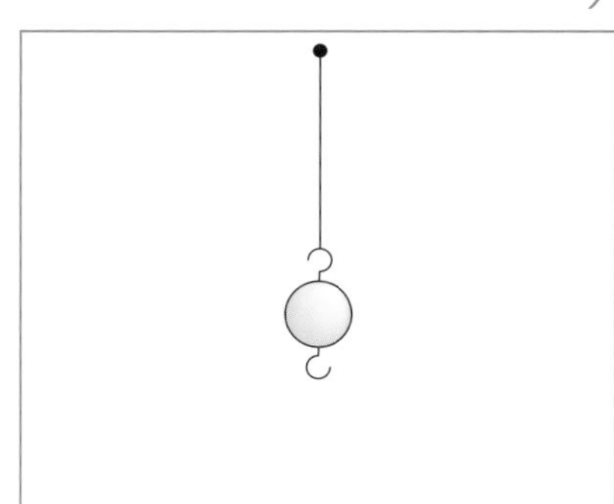

(4) 調べた結果が，ほかのグループと大きくちがっていました。ア～エのうち，何を確かめたらよいですか。すべて選びましょう。

（　　　　　　）

ア　ふりこの長さを，正しくはかったか。
イ　ふりこの|往復する時間を，正しくはかったか。
ウ　ふりこの|0往復する回数を，正しく数えたか。
エ　平均を求める計算は，正しかったか。

思考力アップ

正しい実験結果を得るためには，正しい実験操作で調べましょう。

2 次の図のような㋐〜㋒のふりこについて，ふりこの１往復(おうふく)する時間を調べました。表は，その結果をまとめたものです。あとの問いに答えましょう。

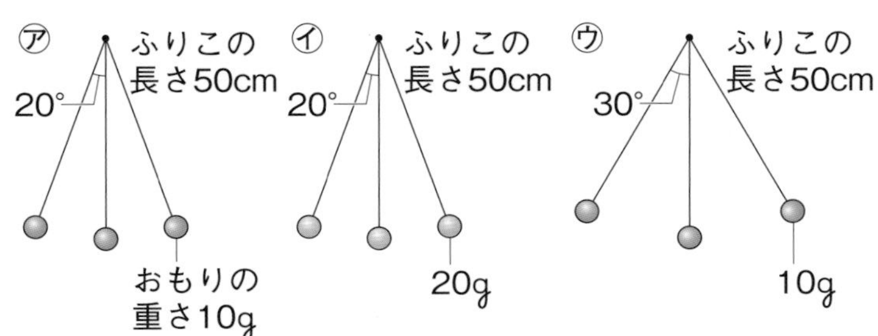

	㋐	㋑	㋒
１回目(秒)	1.42	1.39	1.41
２回目(秒)	1.39	1.40	1.39
３回目(秒)	1.40	1.42	1.40
平均(秒)	1.40	1.40	1.40

(1) ふれはばとふりこの１往復(おうふく)する時間の関係を調べます。図の㋐〜㋒のうち，どれとどれを比(くら)べればよいですか。㋐〜㋒から２つ選びましょう。

(　　　　)と(　　　　)

(2) おもりの重さとふりこの１往復(おうふく)する時間の関係を調べます。図の㋐〜㋒のうち，どれとどれを比(くら)べればよいですか。㋐〜㋒から２つ選びましょう。

(　　　　)と(　　　　)

(3) (1)，(2)より，ふりこの１往復(おうふく)する時間は，ふれはばやおもりの重さによって変わりますか，変わりませんか。

(　　　　　　　　)

ちょこっとサイエンス

明石海峡大橋(あかしかいきょうおおはし)は，兵庫県神戸市(ひょうごけんこうべし)と淡路市(あわじし)の間にある明石海峡(あかしかいきょう)にまたがる世界最大のつり橋です。全長が3911mあり，風のえいきょうや，地震(じしん)への備(そな)えとして，橋のゆれをおさえるための装置(そうち)が，とうの中にとりつけられています。

とうの中にとりつけられたふりこは，とうのゆれとずれてふれます。そのため，とうのゆれが弱まり，強い風にたえることができます。明石海峡大橋(あかしかいきょうおおはし)は２つのとうで支(ささ)えられていて，１つのとうに20個(こ)のふりこがとりつけられています。

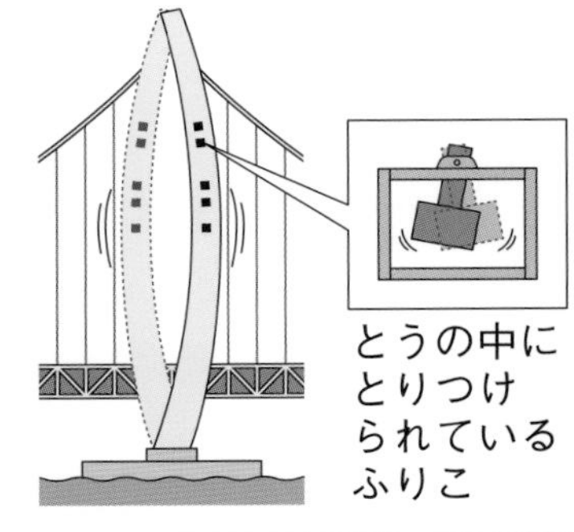

とうの中にとりつけられているふりこ

チャレンジテスト

1 ふりこの性質(せいしつ)を調べるために，おもりの重さ，ふりこの長さ，ふれはばをいろいろに変えた㋐～㋓のふりこをつくり，それぞれ10往復(おうふく)する時間を調べました。表は，㋐～㋓のふりこの条件(じょうけん)や，ふりこが10往復(おうふく)するのにかかった時間をまとめたものです。あとの問いに答えましょう。　1つ10〔50点〕

		㋐	㋑	㋒	㋓
ふれはば（°）		20	20	40	40
おもりの重さ（g）		50	100	100	100
ふりこの長さ（cm）		50	100	50	100
10往復するのにかかった時間（秒）	1回目	14.2	20.0	13.9	20.2
	2回目	14.1	20.1	14.2	20.1
	3回目	14.1	20.0	14.0	20.1
10往復するのにかかった時間の平均（秒）		14.1	20.0	14.0	20.1

(1) 図1のように，糸とおもりを使って，ふりこをつくりました。ふりこの長さは，図2のあ～うのどれですか。（　　）

図1

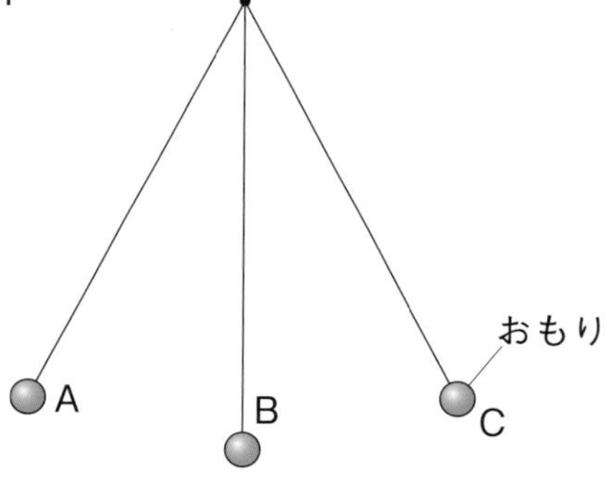

図2

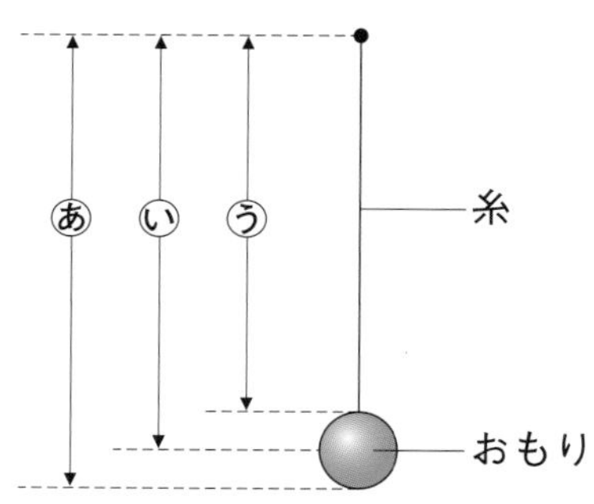

(2) ㋐のふりこが1往復(おうふく)する時間を求めましょう。ただし，答えは，小数第2位を四捨五入(ししゃごにゅう)して書きましょう。（　　）

(3) ㋒と㋓の結果を比(くら)べると，どのようなことがわかりますか。
（　　）

(4) この実験では，「ふれはば」，「おもりの重さ」，「ふりこの長さ」のうち，1往復(おうふく)する時間との関係を調べられないものがあります。それはどの条件(じょうけん)ですか。
（　　）

(5) (4)で答えた条件(じょうけん)が調べられないのはなぜですか。
（　　）

点

2 **図１のように，ひもの先に重さ2kgのおもりをとりつけ，もう一方を天じょうに固定し，ふりこをつくりました。そして，ふれはばが30°になる場所（A）から静かにおもりをはなしたところ，おもりはA→B→C→B→Aまで１往復（おうふく）し，その運動をくり返しました。同じように，ふれはばが30°のまま，いろいろな長さのひもでふりこの１往復（おうふく）する時間とひもの長さとの関係を調べると，図２のグラフのようになりました。おもりがAからB，BからCへ動く時間は同じであり，おもりの大きさは無視（むし）できるものとします。あとの問いに答えましょう。**

1つ10〔50点〕

図１

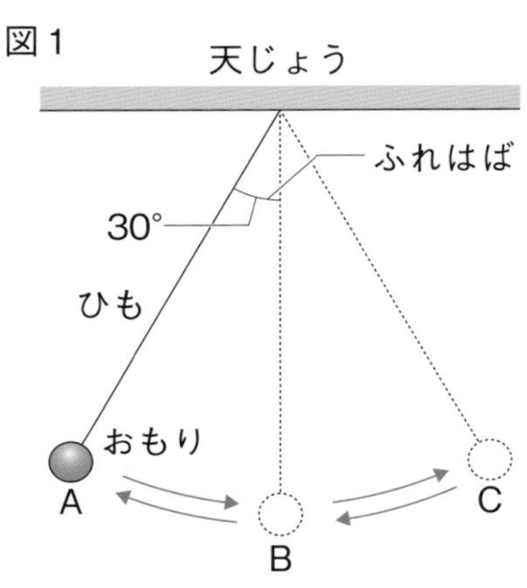

図２

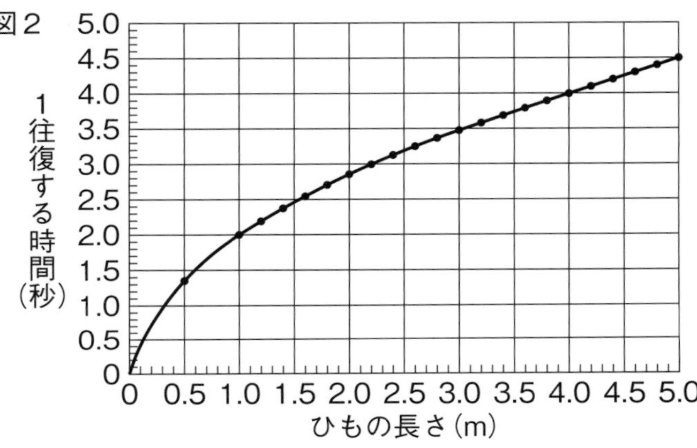

(1) おもりがAからBまで動く時間が0.5秒になるようなふりこにするには，ひもの長さを何mにすればよいですか。

（　　　　　　　）

(2) おもりが10往復（おうふく）すると１分間を表すようなふりこ時計をつくるためには，ひもの長さを何mにすればよいですか。

（　　　　　　　）

(3) 右の表の**ア**，**イ**のように，ふりこの条件（じょうけん）を変えて１往復（おうふく）する時間を調べました。表中の①，②にあてはまる数字を書きましょう。

①（　　　　）

②（　　　　）

	ひもの長さ	ふれはば	おもりの重さ	1往復する時間
ア	1m	30°	4kg	①　　秒
イ	4m	30°	1kg	②　　秒

(4) 図３のように，天じょうの真下にくぎを打ってから，長さ4mのひもを用いたふりこを用意し，Aの位置でおもりをはなすと，おもりはA→B→Cと進み，CからBを通り，再（ふたた）びAの位置にもどるような運動をくり返しました。このとき，おもりがA→B→Cへと動く時間は1.5秒でした。くぎは，天じょうから真下へ何mのところに打ってありますか。

図３

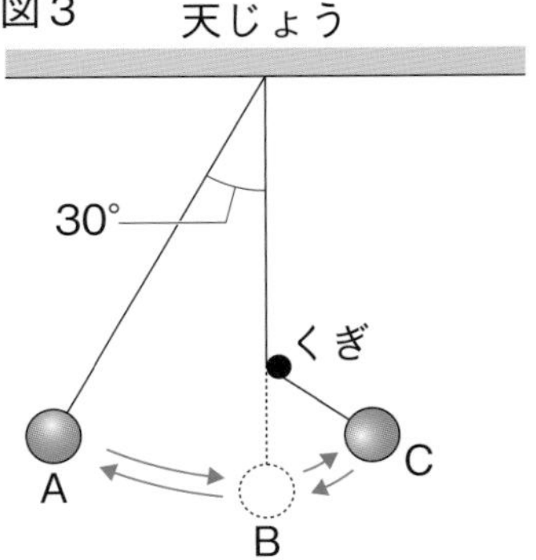

（　　　　　　　）

思考力育成問題

答え▶30ページ

1 **都さんとお父さんは，夏の暑さ対策として，アサガオで緑のカーテンをつくることを話していました。その話を弟の正さんが聞き，発芽に必要な条件を自由研究で調べようと考えました。正さんと都さんの会話文を読んで，あとの問いに答えましょう。**

正さん：どんな方法でアサガオの発芽に必要な条件を調べたらいいのだろう。

都さん：「水，空気，適当な温度」の3つの条件で調べてみたらどうかな。プリンのカップにだっし綿を入れて，その上に種子を置くといいよ。ほどよい温度は，「冷蔵庫の中（約5℃）」と「冷蔵庫の上（約25℃）」で比べられるよ。

正さん：水の条件は「水あり」「水なし」で比べられるね。空気の条件は「水をたくさん入れ，空気にふれないようにする」と「空気にふれるようにする」で比べられる。表に実験の条件を書いてみるね。

正さんが書いた表

実験装置	種子を1粒置く（水，だっし綿，種子）	種子を1粒置く（だっし綿，種子）
温度	冷蔵庫の中（約5℃）	冷蔵庫の上（約25℃）
水	水あり	水なし
空気	水をたくさん入れ 空気にふれないようにする	空気にふれるようにする

都さん：ア<u>まく種子の数は1粒ではなく，5粒くらいはまいたほうがいいと思う</u>。あと，これではイ<u>発芽に必要な条件をきちんと調べられない</u>のではないかな。

(1)　下線部**ア**について，都さんが種子を5粒くらいはまいたほうがよいと言ったのは，なぜですか。

（　　　　　　　　　　　　　　　　　　　　）

(2)　正さんの考えた実験では，種子を5粒くらいまいても，下線部**イ**のように，発芽に必要な条件をきちんと調べることはできません。それはなぜですか。

（　　　　　　　　　　　　　　　　　　　　）

2 南さんは，晴れたおだやかな日が続いた週末に，海岸近くのある場所で２日間にわたって気象観測をしました。図１は，南さんが風の向きを調べるためにつくった装置で，図２はその装置を真上から見た図です。また，風のふき方に興味をもった南さんは，気象観測をした海岸の近くにある気象台で，この２日間に記録されたデータを調べ，図３のようにまとめました。あとの問いに答えましょう。

図１

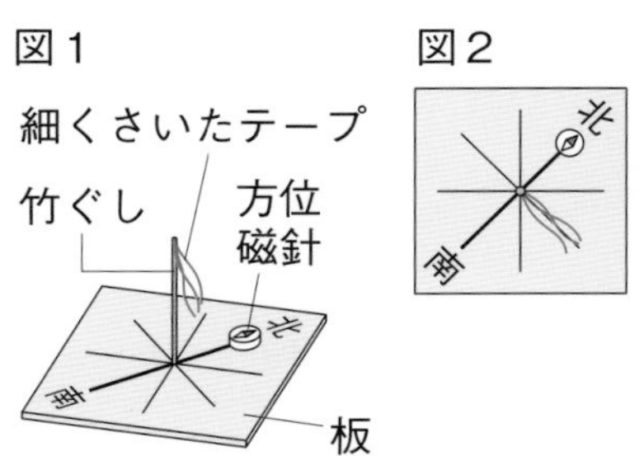

図２ 図３

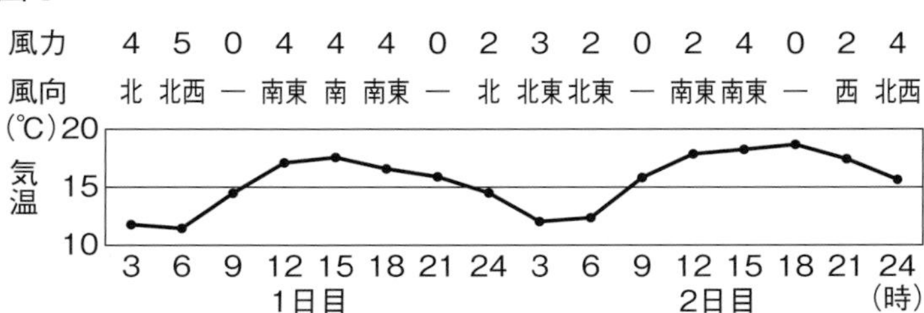

(1) 気象観測１日目の６時に図２の装置で風の向きを調べたときのようすとして最も適切なものを，ア～カから選びましょう。 (　　　)

ア

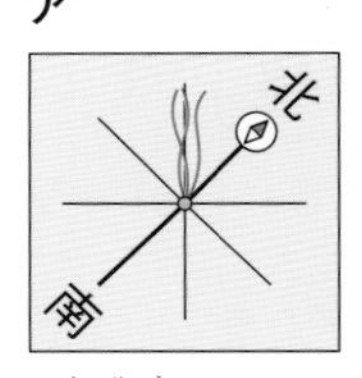

イ

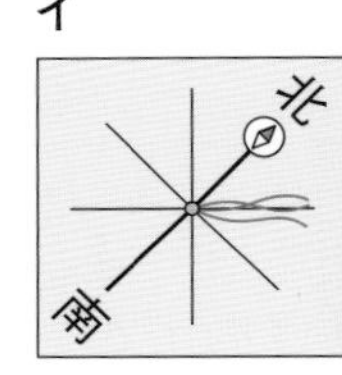

ウ

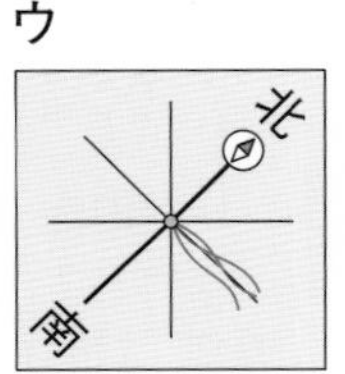

エ

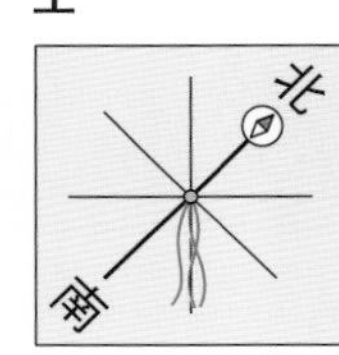

オ

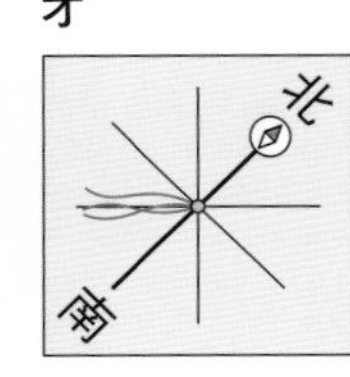

カ

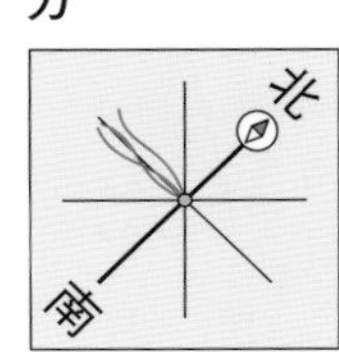

【資料】

天気，風向，風力は記号を使って表すことができます。

天気	記号
晴れ	⦶
くもり	◎
雨	●

風力0
風力1
風力2
風力3
風力4
風力5
風力6
風力7
風力8
風力9
風力10
風力11
風力12

たとえば，天気がくもり，風向が西，風力が2のときは図４のように表し，天気が晴れ，風向が東，風力が5のときは図５のように表します。

図４

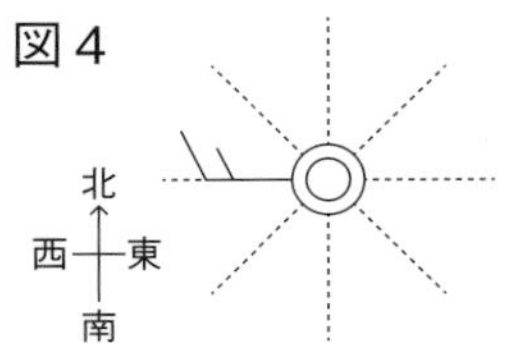

図５

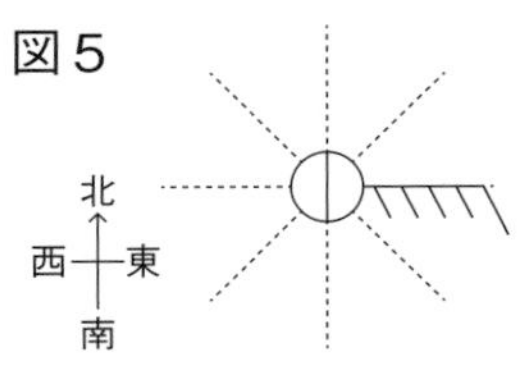

(2) 図３にまとめられた気象観測の記録のうち，２日目の６時の天気，風向，風力を，資料の図４，図５にならって，右の図にかきましょう。ただし，図３の気象観測２日目の６時の雲の量は8でした。

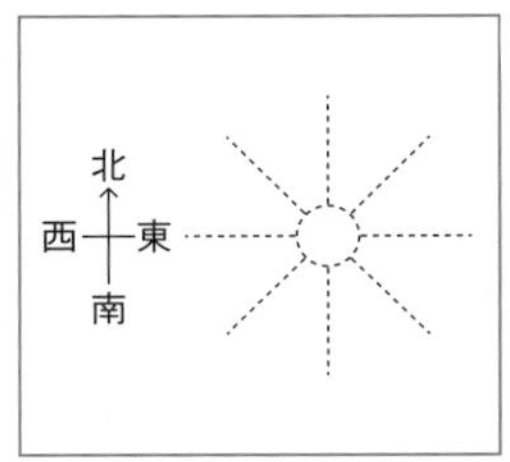

3 あきらさんは，見学したごみ処理場で，大きな電磁石を利用してスチールかんとアルミかんの分別をしていたことを思い出しました。あきらさんは，自分でも強い電磁石をつくってみたいと思い，図１のような装置をつくりました。そのあと，条件を変えて実験を行い，電磁石についた鉄のゼムクリップの数を調べました。結果1，結果2は，それをまとめたものです。これについて，あとの問いに答えましょう。

【実験の条件】
導線は同じ長さのもの，かん電池は同じ種類で新しいものを使用する。導線のまき数とかん電池の数だけを変える。

結果1　かん電池1個（単位：個）

導線のまき数＼実験回数	1	2	3	平均
100回	29	34	32	31.7
200回	45	39	43	42.3

図１　装置の例

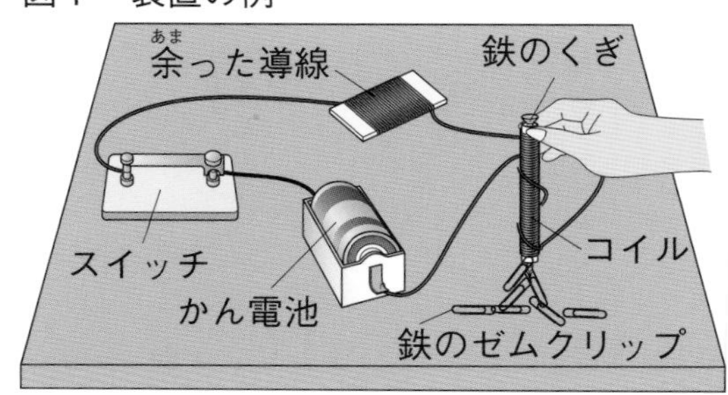

結果2　かん電池2個の直列つなぎ（単位：個）

導線のまき数＼実験回数	1	2	3	平均
100回	55	48	53	52.0
200回	71	64	67	67.3

(1)　あきらさんは，実験の条件として，導線は同じ長さのもの，かん電池は同じ種類のものを使用することにしました。それはなぜですか。

（　　　　　　　　　　　　　　　　　　　　　　　　　　　　　　）

(2)　あきらさんは，注意点として，調べるときだけスイッチを入れることにしました。それはなぜですか。

（　　　　　　　　　　　　　　　　　　　　　　　　　　　　　　）

(3)　あきらさんは，新たに図２のような装置をつくりました。鉄のゼムクリップは何個つくと考えられますか。結果1，結果2を参考にして，**ア**～**エ**から選びましょう。

（　　　　）

図２

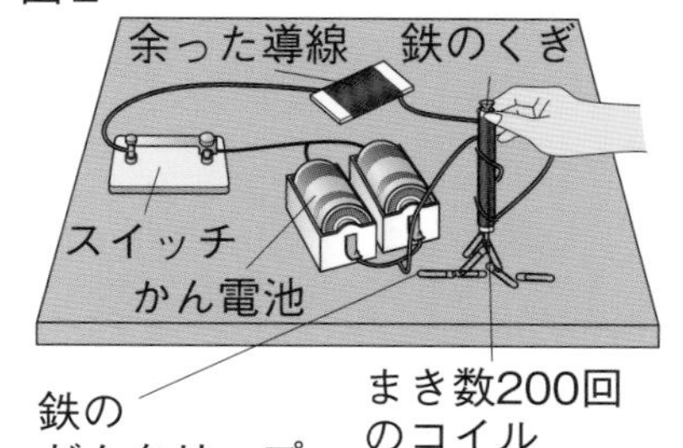

ア　約32個
イ　約42個
ウ　約52個
エ　約67個

4 福さんは，ミョウバンと食塩を使って，次のような実験をしました。あとの問いに答えましょう。

実験

1 目的 水よう液の温度を少しずつ下げ，ミョウバンや食塩のつぶをとり出す。

2 方法 ❶ 発ぽうポリスチレンの箱にお湯を入れ，その中に水50mLの入ったビーカーを入れてあたためる。

❷ ビーカー内の水の温度を60℃に保ちながら，ミョウバンを少しずつ入れ，そのたびによくかき混ぜ，ミョウバンがとけ残るまでくり返す。

❸ ❷の水よう液が，実験室の気温と同じ温度になるまでゆっくりと冷やす。

❹ 発ぽうポリスチレンの箱にお湯を入れ，その中に水50mLの入ったビーカーを入れてあたためる。

❺ ビーカー内の水の温度を60℃に保ちながら，食塩を少しずつ入れ，そのたびによくかき混ぜ，食塩がとけ残るまでくり返す。

❻ ❺の食塩水が，実験室の気温と同じ温度になるまでゆっくりと冷やす。

(1) 実験の結果，ミョウバンの水よう液と食塩水のビーカーの中には，それぞれミョウバンと食塩のつぶがあらわれました。表を使って，あらわれたミョウバンと食塩のつぶの量は，それぞれ何gか書きましょう。ただし，実験室の気温は20℃で，ビーカーの中の水の量は，実験を始めたときから終えたときまで変わらなかったものとし，ミョウバンの水よう液や食塩水を冷やす前のとけ残りの分は考えないものとします。また，1mLの水の重さは1gであり，水の体積は温度によって変化しないものとします。

ミョウバン（　　　　　）　食塩（　　　　　）

【100gの水にとけるミョウバンや食塩の量と水の温度との関係】

水の温度〔℃〕	0	20	40	60	80
ミョウバン〔g〕	5.7	11.4	23.8	57.4	322
食塩〔g〕	37.5	37.8	38.3	39.0	40.0

（浜島書店「最新理科便覧（2016年版）」より作成）

(2) 福さんは，実験の結果，ミョウバンの水よう液と食塩水のビーカーの中にそれぞれあらわれたミョウバンと食塩のつぶの量を観察すると，食塩のつぶの量は，ミョウバンのつぶの量に比べてとても少ないことがわかりました。それはなぜですか。「温度」，「とける量」という言葉を必ず使って書きましょう。

（　　　　　　　　　　　　　　　　　　　　　　　　　）

しあげのテスト(1)

※答えは，解答用紙の解答欄に書き入れましょう。

満点 100点

答え▶31ページ

1 図1は発芽する前のインゲンマメの種子のつくりを，図2は発芽してしばらくたったインゲンマメを表したものです。あとの問いに答えましょう。

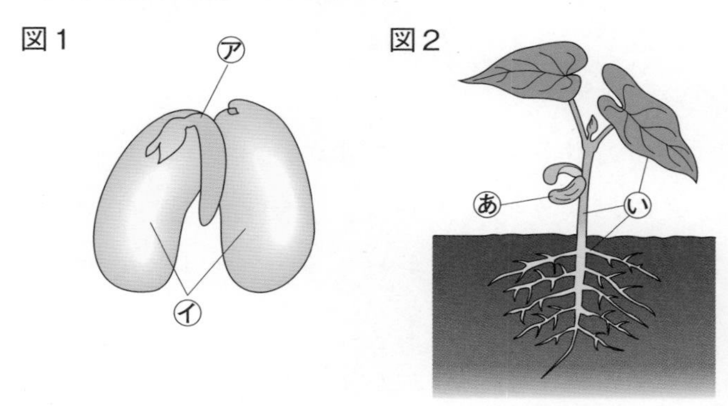

(1)　図１の㋐の部分は，発芽後，図２の(あ)，(い)のどちらの部分になりますか。

(2)　図１の㋑の部分を何といいますか。

(3)　でんぷんがふくまれているかどうかを調べるときに使う液を何といいますか。

(4)　図１の㋑の部分と，図２の(あ)を半分に切ったものを，(3)の液にひたすと，それぞれどのようになりますか。次のア，イから選びましょう。

ア　青むらさき色に変化する。

イ　あまり変化しない。

2 次の図は，メダカのめすとおすを表したものです。あとの問いに答えましょう。

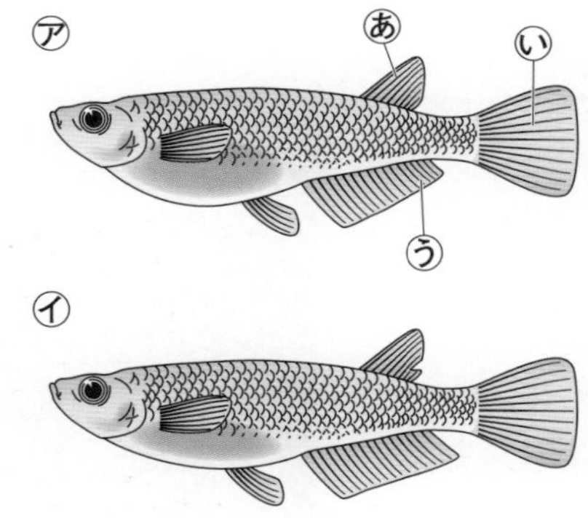

(1)　図の(あ)～(う)のひれを，それぞれ何といいますか。

(2)　メダカのおすは，㋐，㋑のどちらですか。

(3)　メダカがたまごを産むようにするには，水そうに入れるめすとおすの数は，どのようにするとよいですか。次のア～ウから選びましょう。

ア　めすだけを入れる。

イ　おすだけを入れる。

ウ　めすとおすを同じ数だけ入れる。

3 土の山をつくり，水を流したところ，図のようになりました。次の問いに答えましょう。

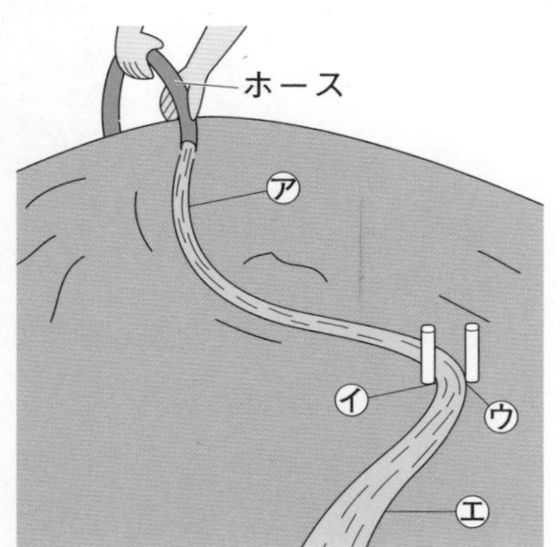

(1)　水の流れる速さは，図の㋐，㋓のどちらが速いですか。

(2)　土を積もらせるはたらきは，図の㋐，㋓のどちらが大きいですか。

(3)　図の㋑と㋒は，水が曲がって流れている部分です。この部分に，図のようにぼうを立てたとき，ぼうがたおれるのは，㋑，㋒のどちら側ですか。

(4)　流す水の量を多くすると，ぼうがたおれるのは，水を多くする前より早くなりますか，おそくなりますか。

(5)　(4)のようになったのは，流れる水の速さがどうなったからですか。

4 同じ長さ，同じ太さの導線と鉄くぎを使って電磁石をつくり，次の図のように電流を流しました。あとの問いに答えましょう。

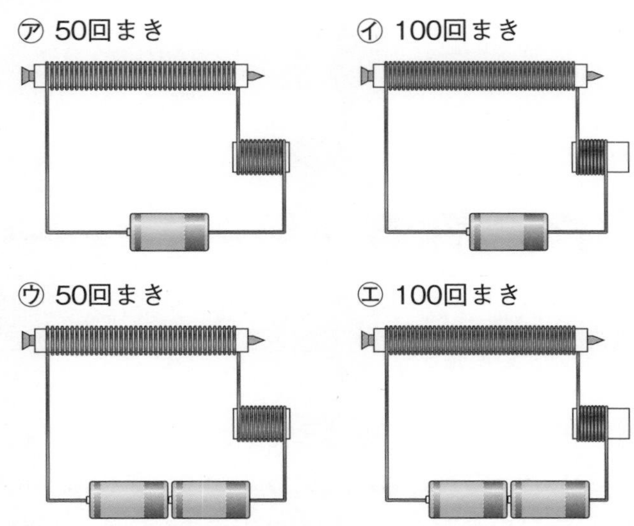

(1)　電磁石が磁石の性質をもつのはどのようなときですか。

(2)　もっとも強い電磁石を，㋐～㋓から選びましょう。

(3)　もっとも弱い電磁石を，㋐～㋓から選びましょう。

(4)　電流の大きさと電磁石の強さの関係について調べるには，㋐とどれを比べればよいですか。

(5)　コイルのまき数と電磁石の強さの関係について調べるには，㋐とどれを比べればよいですか。

《問題は裏に続きます。》

5 次の㋐～㋒のように，食塩，コーヒーシュガー，かたくり粉を水の入ったビーカーに入れてかき混ぜたところ，かたくり粉以外はすき通った液になりました。あとの問いに答えましょう。

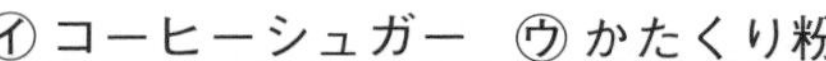
㋐ 食塩　㋑ コーヒーシュガー　㋒ かたくり粉

(1) つくった液が水よう液であることは，どのようなことからわかりますか。次のア～エから選びましょう。

ア　液に色がついている。　イ　液に色がついていない。

ウ　液がすき通っている。　エ　液がすき通っていない。

(2) ㋐～㋒のうち，水よう液といえないものはどれですか。

(3) 100gの水に5gの食塩を入れたところ，食塩はすべてとけました。この食塩がとけた水よう液は何gですか。

(4) 50gの水に食塩を入れてかき混ぜると，できた食塩の水よう液は58gでした。何gの食塩を入れましたか。

(5) 水にとかしたものは，水にとけたことでなくなりましたか，なくなっていませんか。

6 図のふりこが１往復するのにかかる時間を調べるために，10往復する時間を３回はかったところ，表のような結果になりました。あとの問いに答えましょう。

10往復する時間

1回目	2回目	3回目
13.8秒	13.9秒	13.5秒

(1) おもりがふれる㋐のはばを何といいますか。

(2) ㋑の長さを何といいますか。

(3) 表の結果から，１回目，２回目，３回目の10往復する時間の平均を求めましょう。ただし，小数第２位を四捨五入して答えましょう。

(4) (3)から，このふりこが１往復する時間の平均を求めましょう。ただし，小数第２位を四捨五入して答えなさい。

(5) この実験のように，10往復する時間をはかった結果から１往復する時間を計算して求めるのはなぜですか。次のア，イから選びましょう。

ア　１往復する時間は毎回変化しているから。

イ　１往復する時間を正確にはかるのはむずかしいから。

もっとサイエンス

水をたくわえる自然

ダムは，増水した川の水で水害が起こらないように，水をたくわえる役割を果たしています。

森や田畑も，ダムと同じように，水をたくわえる役割を果たしています。

樹木のしげった豊かな森に降った雨は，そのまま川に流れこむわけではなく，森の落ち葉や土にしみこみながら，しだいに川へ流れこみ，やがて海へ流れていきます。

水田には，水がたくわえられています。

森や田畑が減り，コンクリートの地面やほそうされた道路が増えると，雨水は一気に川へ流れこみ，川の水の量が増します。すると，川の流れが速くなり，橋や家が流されるなどの大きな水害が起こりやすくなると考えられています。

▼ダム

▼水源の森

▼水田

5

(1)		(2)	
(3)			
(4)			
(5)			

各４点

6

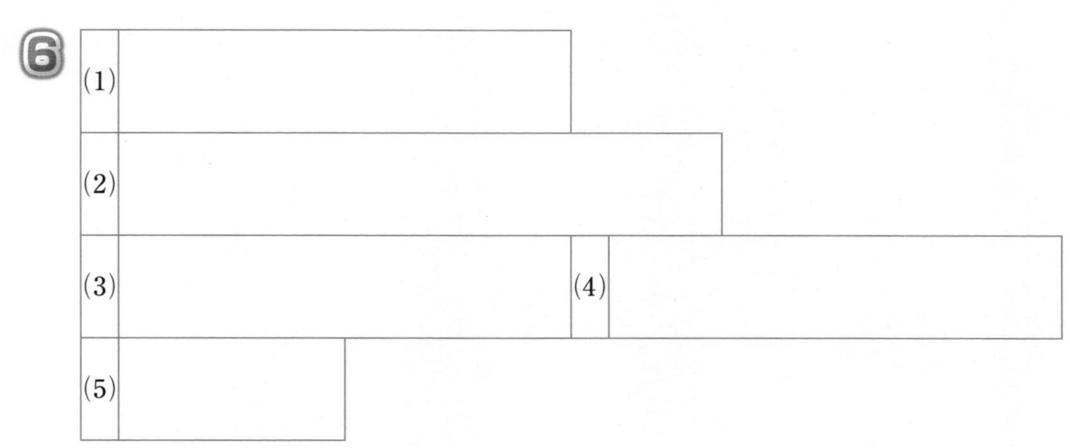

各４点

しあげのテスト(1) 解答用紙

学習した日　　月　　日

名前

※解答用紙の右にある採点欄の□は，丸つけのときに使いましょう。

1

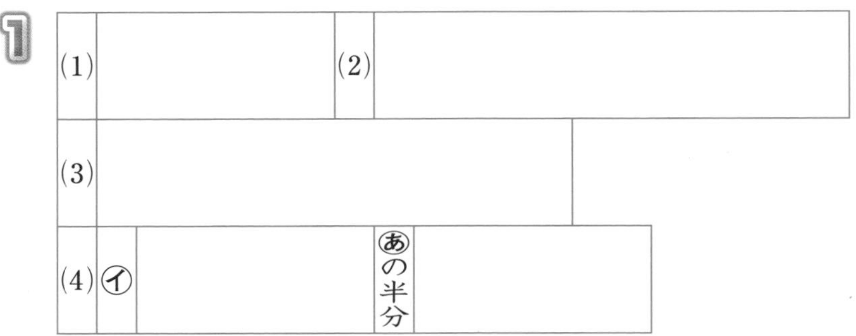

採点欄

1

各３点

2

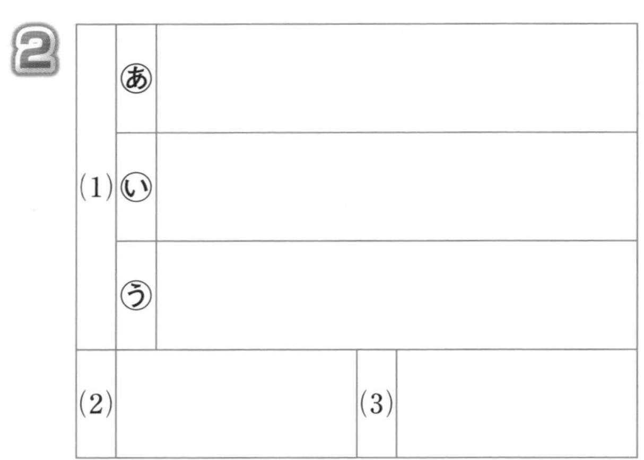

2

各３点

3

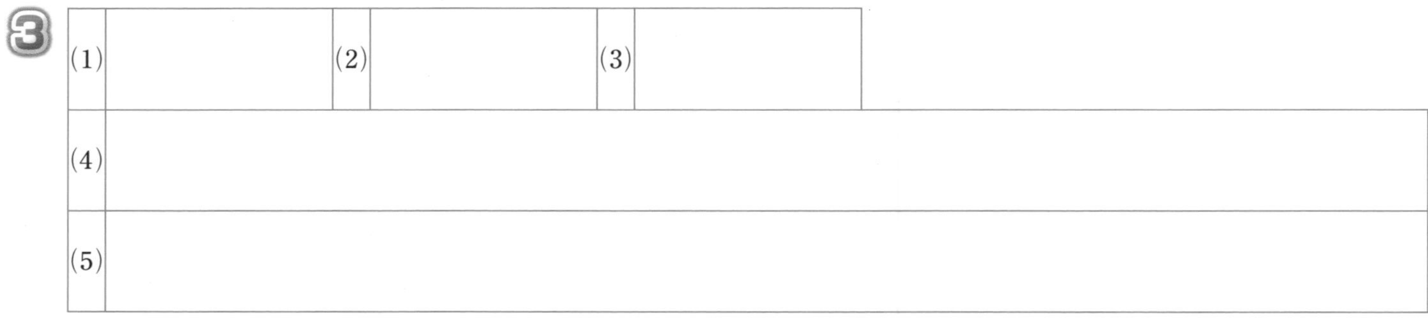

3

／15

各３点

4

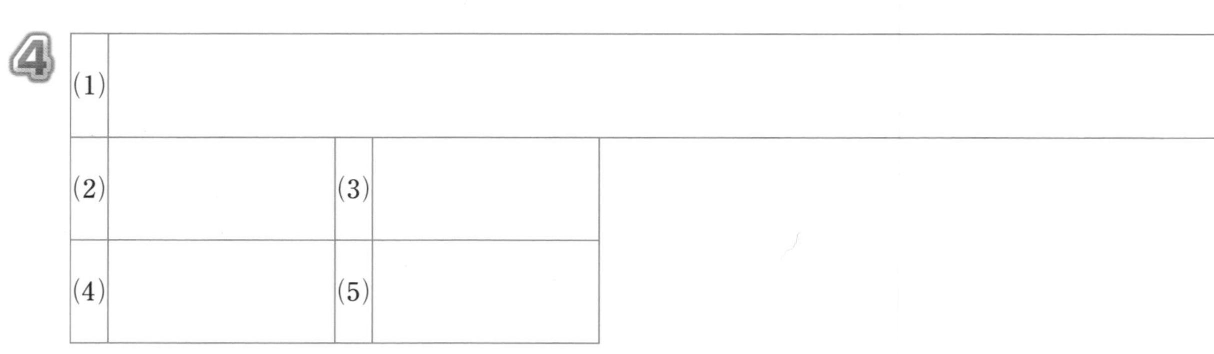

4

各３点

しあげのテスト(2)

※答えは，解答用紙の解答欄に書き入れましょう。

満点 100点

答え▶32ページ

1 **次の㋐，㋑の雲画像は，5月13日午後3時と5月14日午後3時のどちらかのものです。あとの問いに答えましょう。**

㋐

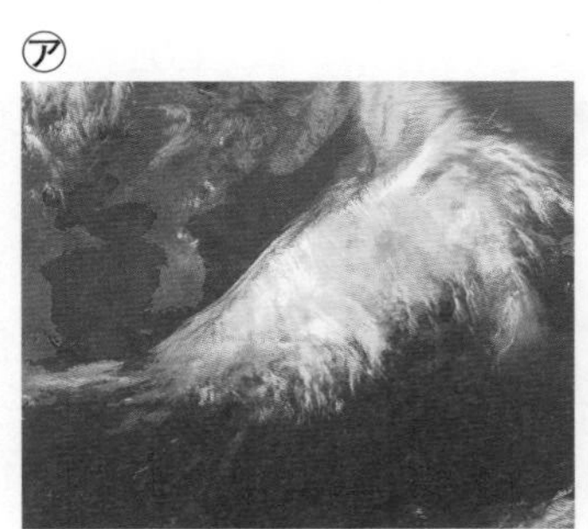

㋑

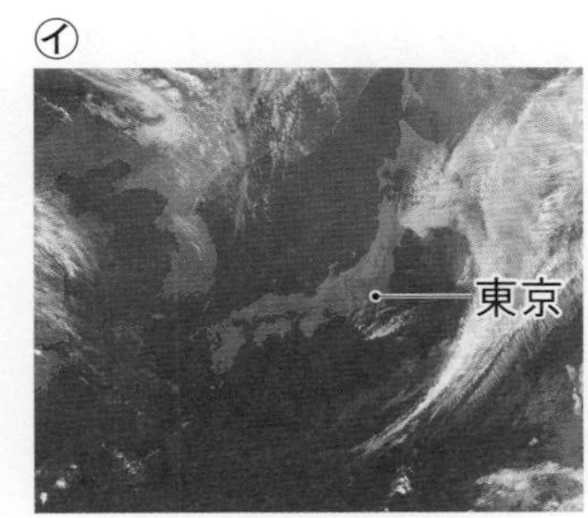

(1) 雲画像の白い部分には，何がありますか。

(2) 雲画像は，どのデータをもとにつくられていますか。次の**ア**～**ウ**から選びましょう。

ア 百葉箱　**イ** 気象衛星　**ウ** アメダス

(3) 5月13日午後3時の雲画像は，㋐，㋑のどちらですか。

(4) 東京が晴れていたのは，㋐，㋑のどちらですか。

(5) 日本付近の天気はどの方位からどの方位へ変わっていきますか。東・西・南・北で答えましょう。

2 **図は，ヒトの母親の体内のようすを表したものです。次の問いに答えましょう。**

(1) ヒトの子どもは，母親の体内の何というところで育ちますか。

(2) 図の㋐，㋑の部分は，母親と子どもをつないでいる部分です。㋐，㋑をそれぞれ何といいますか。

(3) 図の㋒の部分には液体が入っていて，子どもをとり囲んでいます。この液体にはおもにどのような役割がありますか。次の**ア**～**エ**から選びましょう。

ア 子どもの飲み水になっている。

イ 子どものいらなくなったものをためている。

ウ 子どもをしょうげきから守っている。

エ 子どもが育つための養分をたくわえている。

(4) ヒトの子どもが母親から生まれ出てくるのは，受精から約何週のころですか。次の**ア**～**ウ**から選びましょう。

ア 約16週　**イ** 約24週　**ウ** 約38週

3 **次の図のように，ヘチマのつぼみを2つ選んでふくろをかぶせました。花がさいたら，㋐はふくろをかぶせたままにして，㋑はめしべの先に花粉をつけてから，再びふくろをかぶせました。あとの問いに答えましょう。**

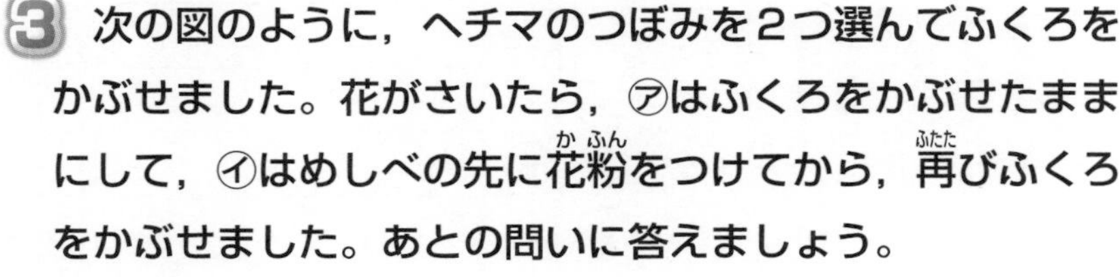
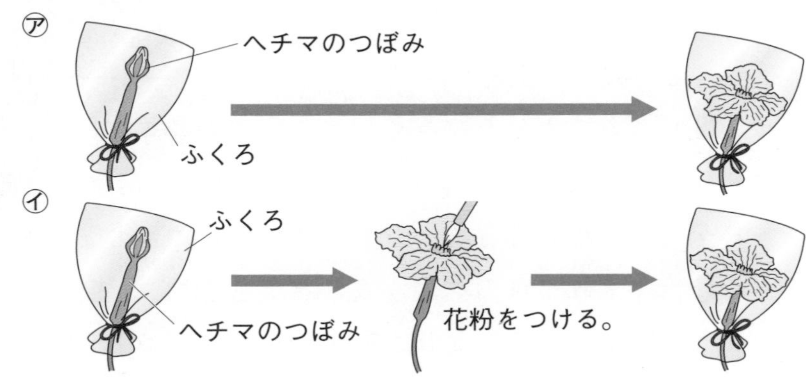

(1) 実験に使うつぼみは，おばなとめばなのどちらのものですか。

(2) つぼみにふくろをかぶせたのはなぜですか。

(3) ㋑で花粉をつけてから，再びふくろをかぶせるのはなぜですか。

(4) ヘチマの生命のつなぎ方について，次の文の[　　]にあてはまる言葉を書きましょう。

> ヘチマは[①]すると，めしべのもとの部分が実になり，この中には[②]ができる。[②]はその後発芽して育ち，生命をつないでいく。

4 **図のけんび鏡について，次の問いに答えましょう。**

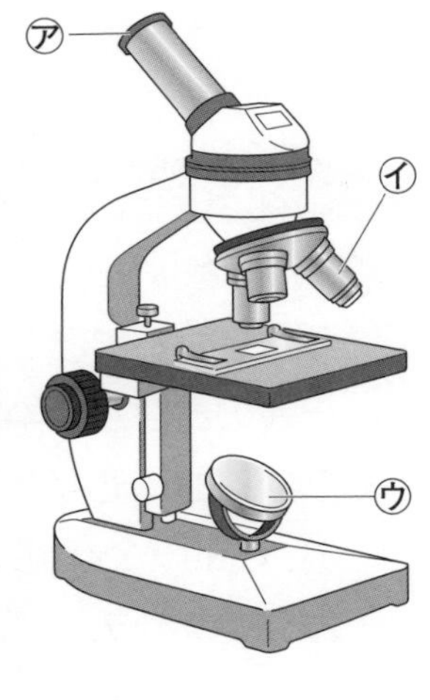

(1) 図の㋐～㋒の部分をそれぞれ何といいますか。

(2) けんび鏡は，どのようなところに置いて使いますか。次の**ア**～**ウ**から選びましょう。

ア 水平で，日光が直接当たる，明るいところ。

イ 水平で，日光が直接当たらない，明るいところ。

ウ 水平で，暗いところ。

(3) ㋐の倍率が10倍，㋑の倍率が40倍のとき，けんび鏡の倍率は何倍ですか。

《問題は裏に続きます。》

5 **グラフは，20℃，40℃，60℃の水50mLにとける食塩とミョウバンの量（計量スプーンですり切り何ばいまでとけるか）を表したものです。次の問いに答えましょう。**

(1)　20℃の水50mLを入れたビーカーを2つ用意し，それぞれに食塩とミョウバンをすり切り5はい入れてとかしました。とけ残りが出るのはどちらですか。

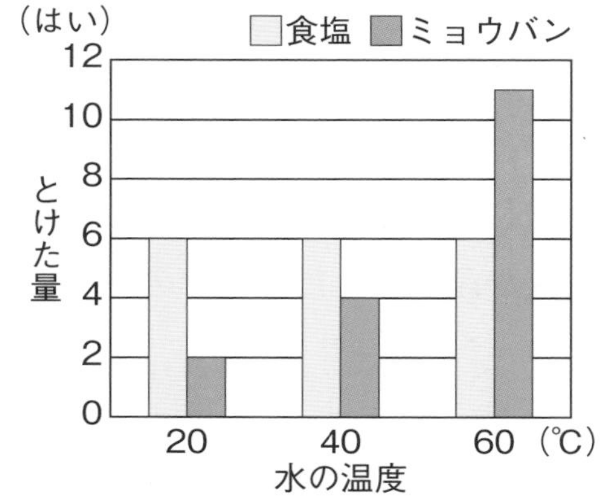

(2)　60℃の水50mLを入れたビーカーを2つ用意し，それぞれに食塩とミョウバンをとけるだけとかしました。その後，それぞれの水よう液の温度を20℃まで下げたとき，つぶが出てくるのは食塩，ミョウバンのどちらですか。

(3)　(2)で答えたもののつぶが出てくるのは，なぜですか。グラフの「とけた量」に注目して答えましょう。

(4)　(2)で出てきたつぶとその水よう液を，ろ紙を使って分けることにしました。ろ紙を使ったこの方法を何といいますか。

6 **同じ太さの導線を使って電磁石をつくり，図のように電流を流しました。次の問いに答えましょう。**

(1)　㋐と㋑で，どちらの電磁石が強いかを比べようと思います。ところが，このままでは比べることができません。どんな条件がちがっていますか。次のア～ウから選びましょう。

ア　電流の大きさ

イ　鉄くぎの向き

ウ　導線の長さ

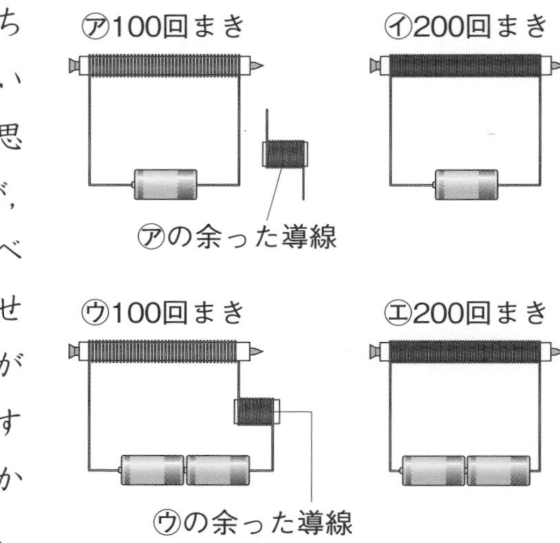

(2)　㋐の装置は，どのように正しくつくり直せばよいですか。「余った導線は」に続けて答えましょう。

(3)　㋐～㋓について，たがいの電磁石の強さを比べることができるように，㋐の装置を正しくつくり直しました。

①　もっとも電磁石の強さが強いものはどれですか。㋐～㋓から選びましょう。

②　もっとも電磁石の強さが弱いものはどれですか。㋐～㋓から選びましょう。

もっとサイエンス

おへそ

わたしたちのおなかには，おへそがあります。

母親のおなかの中で育ってから生まれてくる動物には，必ず，おなかにおへそがあります。

おへそは，へそのおがついていたところです。

カワウソやチンパンジーも，子どもが，母親のおなかの中で育ってから生まれてくるため，おへそがあります。

メダカやひよこのように，たまごから生まれる動物には，おへそはありません。

▼カワウソ

▼チンパンジー

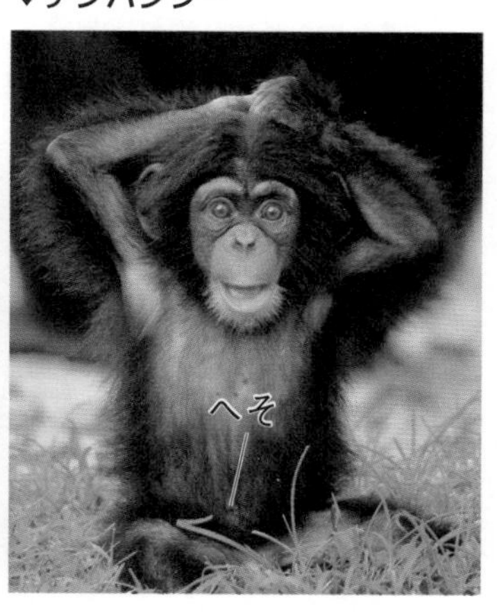

しあげのテスト(2) 解答用紙

学習した日　　月　　日

名前

※解答用紙の右にある採点欄の□は，丸つけのときに使いましょう。

1

(1)

(2)　(3)

(4)　(5)

2

(1)

(2) ㋐　㋑

(3)　(4)

3

(1)

(2)

(3)

(4) ①　②

4

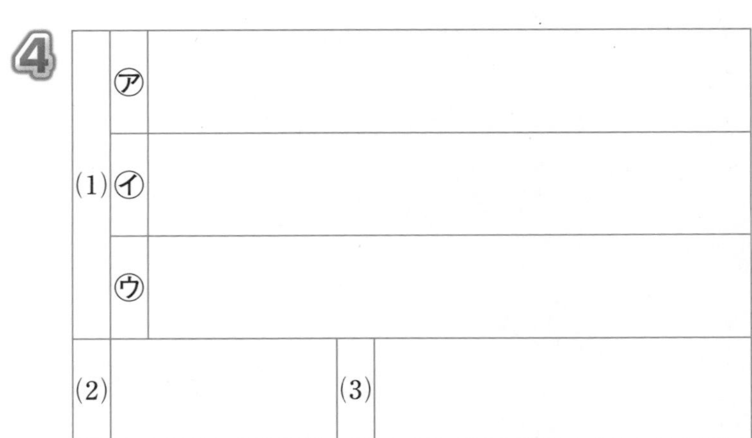

(1) ㋐　㋑　㋒

(2)　(3)

採点欄

1 ／15 各３点

2 ／15 各３点

3 ／15 各３点

4

／15 各３点

5

(1)	
(2)	
(3)	
(4)	

5

／20

各５点

6

(1)				
(2)	余った導線は			
(3)	①		②	

6

／20

各５点

得点

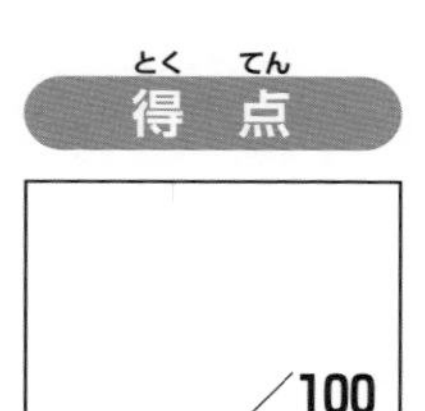

／100

理科 5 年

答えと考え方

「答えと考え方」は，
とりはずすことが
できます。

1 種子の発芽

標準レベル＋　4～5ページ

1 (1)㋐発芽する。 ㋑発芽しない。

(2)水

2 (1)㋐，㋑

(2)㋐と㋒

(3)㋑と㋓

考え方

1 (1)　この実験では，水をあたえる㋐は発芽し，水をあたえない㋑は発芽しない。

(2)　この実験で変えている条件は水の条件なので，発芽に水が必要かどうかを調べている。

2 (1)　発芽には，水・適当な温度・空気の３つの条件が必要である。どれか１つでも足りないと発芽しない。㋑は箱がかぶせてあるが，発芽に日光は必要ないので発芽する。

(2)　空気以外の条件が同じものを選ぶ。㋐は空気にふれているが，㋒は水にしずんでいるため空気にふれていない。

(3)　温度以外の条件が同じものを選ぶ。㋑は約20℃のところに置いてあるが，㋓は5℃の冷蔵庫の中に入れてある。㋐と㋓では，光の条件も変えているので，比べることができない。

ハイレベル＋＋　6～7ページ

❶ (1)図２

(例)

インゲンマメの種子

かわいただっし綿

(2)ア，ウ

(3)同じ温度の場所（温度が同じ室内）

(4)図１…発芽する。 図２…発芽しない。

(5)種子の発芽には水が必要であること。

❷ (1)（光が）当たらない。

(2)箱などをかぶせて暗くする。

❸ (1)㋐水 ㋒適当な温度

(2)発芽しない。

考え方

❶ (1)　水の条件だけを変えるため，図２のインゲンマメの種子は，かわいただっし綿の上にまく。

(2)　変えるのは，調べる条件だけである。この実験では，水の条件を調べているので，空気や温度の条件は変えない。

(3)　空気と温度の条件を変えないためには，同じ温度の場所に置く。

(4)(5)　水でしめらせただっし綿にまいた種子は発芽するが，かわいただっし綿にまいた種子は発芽しない。このことから，発芽には水が必要であることがわかる。

❷ (1)　冷蔵庫の中は，光が当たらないので暗い。

(2)　発芽と温度の関係を調べるため，変えるのは，温度の条件だけである。㋑の冷蔵庫の中は暗いので，㋐に箱をかぶせるなどして暗くする必要がある。

❸ (1)　㋐は，水やりをして，種子に水をあたえている。㋑は，種子が空気にふれるように土を少しだけかけている。㋒は，あたたかい季節にまき，種子に適当な温度をあたえている。

(2)　種子が発芽するためには，水・空気・適当な温度の３つの条件が必要である。どれか１つでも足りないと発芽しない。

2 種子の発芽と養分

標準レベル＋　8～9ページ

1 (1)㋐，㋑　(2)㋒

(3)でんぷん

(4)㋒　(5)子葉

2 (1)㋐→㋑→㋒

(2)小さくなっていく。

(3)減っていく。

(4)養分としてのはたらき。

考え方

1 (1)(5)　葉・くき・根になる部分は㋐，㋑である。㋒は子葉である。子葉に養分がふくまれている種子は，葉・くき・根になる部分より，子葉の部分が大きいつくりをしている。
(2)(3) ㋒の子葉にはでんぷんがふくまれているため，ヨウ素液をつけると青むらさき色に変化する。このように，でんぷんがあるかどうかは，ヨウ素液で調べることができる。
(4) 子葉にふくまれているでんぷんは，発芽や成長に使われる。そのため，発芽後の子葉は，だんだん小さくなり，しぼんでいく。

2 (1) 発芽して成長するほど，切り口にヨウ素液をつけたときの色の変化が小さくなる。
(2) 成長するほど，子葉はしぼんで小さくなる。
(3) 発芽して成長するほど子葉の切り口につけたヨウ素液の色の変化が小さい。このようになるのは，成長するほど，子葉にふくまれているでんぷんが減っていくからである。
(4) 成長するほど子葉にふくまれているでんぷんが減っていく。これは，子葉にふくまれているでんぷんが，発芽や成長のための養分として使われるためである。

ハイレベル++ 10〜11ページ

❶ (1)(下線部)②
(2)保護眼鏡をしないと，薬品が目に入って危険だから。
(3)でんぷん
(4)少なくなっている。
(5)発芽や成長のための養分としてのはたらき。

❷ (1)子葉にふくまれる養分の量による成長のちがいを比べるため。
(2)記号…㋐
なぜ…㋐は㋑よりも，発芽や成長のための養分が多いから。

❸ (1)

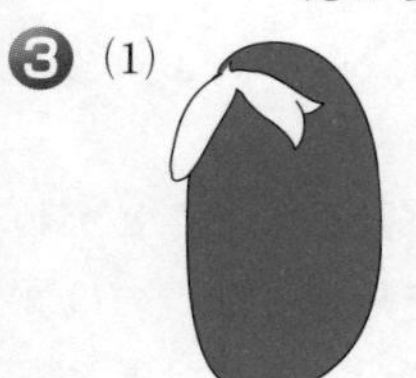

(2)㋕，㋖，㋘ (3)ウ

考え方

❶ (1)(2) 下線部①は正しい。カッターナイフを引くほうに指を置くと指を切りやすいので，絶対に置いてはいけない。下線部②はまちがいである。薬品をあつかうときは，目を守るために保護眼鏡をかける。
(3) ヨウ素液は，でんぷんを青むらさき色に変える性質がある。
(4) 発芽前の子葉に比べて，発芽してしばらくたった子葉は，ヨウ素液によってあまり変化しない。それは，子葉にふくまれているでんぷんが少なくなっているからである。
(5) 発芽してしばらくたった子葉のでんぷんが少なくなっていることから，子葉にふくまれているでんぷんは，発芽や成長のための養分として使われたことがわかる。

❷ (1) 子葉にふくまれる養分の量のちがいによって，成長がちがうかどうかを調べるため，子葉にふくまれる養分以外の養分（肥料）はあたえない。
(2) ㋐には，子葉が半分の㋑よりも多くの養分がふくまれている。

❸ (1) ヨウ素液によって色が変化するのは，でんぷんがふくまれている子葉の部分である。
(2) ㋐の部分は，発芽後には葉・くき・根になる。
(3) ㋗は子葉である。子葉の養分は，発芽や成長に使われ，やがてしぼんで落ちてしまう。

3 植物の成長

標準レベル+ 12〜13ページ

1 (1)変える条件…イ
変えない条件…ア，ウ，エ，オ
(2)日光が当たらないようにするため。
(3)㋐ (4)日光

2 (1)変える条件…エ
変えない条件…ア，イ，ウ，オ
(2)㋑
(3)肥料

考え方

1 (1) 成長に日光が必要かどうかを調べるのだか

ら，調べる条件は日光であることがわかる。調べる条件だけを変えて，それ以外の条件は変えない。したがって，変える条件は日光で，日光以外の条件はすべて変えない。

(2)　箱をかぶせることによって，日光が当たらないようにすることができる。

(3)(4)　植物がよく成長するためには，日光が必要である。日光に当てなかったためによく成長しなかったなえも，日光を当てることで，よく成長するようになる。

2 (1)　調べる条件は肥料なので，肥料だけを変えて，肥料以外の条件はすべて変えない。

(2)　植物がよく成長するためには，肥料が必要である。

(3)　肥料がなくても成長するが，肥料をあたえるとよく成長する。

ハイレベル++　14～15ページ

1 (1)日光が当たらないように箱などをかぶせたよ。

なぜ…冷蔵庫に入れると，温度が変わってしまうから。

(2)同じ

(3)同じにする。

(4)実験１…日光　実験２…肥料

(5)肥料を入れた花だんなどに植えかえて育てる。

2 (1)ウキクサの数で，成長のちがいを調べるため。

(2)㋑と㋓　(3)㋐と㋑　(4)㋑

考え方

1 (1)　調べる条件は日光なので，日光以外の条件は変えない。冷蔵庫に入れると日光は当たらないが，温度が下がってしまう。

(2)　日光以外の条件は変えないため，肥料を入れた水の量は変えない。

(3)　調べる条件は肥料なので，肥料以外の条件は変えない。そのため，水の量は変えない。

(4)　変える条件は，調べる条件である。したがって，変える条件は，実験１では日光，実験２では肥料である。

(5)　花だんなどに植えかえて，肥料をあたえ，大切に育てよう。

2 (1)　ウキクサは成長するにつれて，数がふえる。ウキクサの成長を調べるためには，最初の数をそろえておく必要がある。

(2)　日光の条件だけがちがうのは，㋑と㋓である。

(3)　肥料の条件だけがちがうのは，㋐と㋑である。

(4)　日光と肥料の条件がそろっているのは㋑である。

チャレンジテスト+++　16～17ページ

1 (1)①と②　(2)②と③

(3)空気　(4)適当な温度

(5)

2 (1)ア

(2)㋓

(3)㋓の南側には高いものがないので，日光がよく当たるから。

3 (1)発芽する。

(2)成長するのに必要な日光が当たらないから。

考え方

1　実験を整理すると，次のようになる。

① 水…×　温度…○　光…○　空気…○

② 水…○　温度…○　光…○　空気…○

③ 水…○　温度…○　光…×　空気…○

④ 水…○　温度…×　光…×　空気…○

⑤ 水…○　温度…○　光…○　空気…×

(1)　水以外の条件を変えていないのは，①と②である。

(2)　問題文より，②と③だけが発芽したことがわかっている。光以外の条件を変えていないのは②と③なので，発芽に光が必要でないことは②と③を比べればわかる。

(3)　②と⑤で変えている条件は，空気の条件である。

(4)　③と④で変えている条件は，温度の条件である。

(5)　最初の葉が出たころには，小さくなった子葉がついている。

2 (1)　太陽は，東から出て，南の空を通り，西にしずむ。

(2)(3)　かげは，太陽の反対側にできる。㋐，㋑は家の北側になるので，日光がよく当たらない。㋒は家の南側にあるが，㋒の南に大きな木があり，そのかげに入ってしまうため日光がよく当たらない。家の南側にある㋓は，その南に何もないため，日光がよく当たる。

3 (1)　発芽に必要な条件は，水・適当な温度・空気である。わらや黒いビニールシートの下には，この発芽の条件がそろっている。

(2)　わらや黒いビニールシートは，日光をさえぎってしまう。そのため，草の種子が発芽しても，成長するのに必要な日光が当たらないので，草はかれてしまう。

2章　天気の変化と台風

4　天気と雲

標準レベル＋　18～19ページ

1 (1)西から東

(2)くもりや雨の日

(3)雲は西から東へ動いていたから。

(4)変化する。

2 (1)晴れ

(2)晴れ…イ　くもり…エ

考え方

1 (1)　4月16日の記録カードに記録してあるように，雲は西から東へ動いている。

(2)　4月16日は，午前10時も午後2時も天気が晴れで，雲の量は少ない。4月17日の午前10時は雲が空全体にあり，くもりである。4月17日の午後2時も雲が空全体にあり，雨である。このように，雲の量は，くもりや雨の日と晴れの日では，くもりや雨の日のほうが多い。

(3)　雲は西から東へ動く。西の空に増えた雲は東へ動いてくるので，しばらくするとくもってくる。

(4)　雲の量が増えたり減ったりするなど，雲のようすが変化すると，天気も変化する。

2 (1)(2)　空全体を10として，雲の量が0～8のときが晴れ，9～10のときがくもりとされている。写真の空のようすは，雲の量が0～8なので，晴れであるといえる。

ハイレベル＋＋　20～21ページ

1 (1)同じ場所で観察するため。

(2)場所…校舎の屋上　方位…南（の空）

(3)午前9時…晴れ　正午…晴れ
午後3時…くもり

(4)天気…雨
なぜ…午後3時に黒っぽい雲が空をおおい，小雨が降り始めたばかりだから。

2 (1)㋐ア　㋑ウ　㋒エ　㋓イ

(2)①㋓　②㋐　③㋒　④㋑

(3)ウ

(4)集中ごう雨

考え方

❶ (1) 4年生で月や星の見え方を観察したときのように，同じ場所で観察するために，目印となる建物などをかいておく。

(2) 手順❶から，校舎(こうしゃ)の屋上で観察することがわかる。また，手順❷から，南の方位の空を観察することがわかる。

(3) 空全体を10としたとき，雲の量が0～8が晴れ，9～10がくもりである。したがって，雲の量が2の午前9時は晴れ，雲の量が8の正午も晴れ，雲の量が10の午後3時はくもりである。

(4) 午後3時の記録カードから，午後3時には黒っぽい雲が低い空全体をおおって，ほとんど動かず，小雨が降(ふ)り始めたばかりであることがわかる。したがって，午後6時には，雨になると考えられる。

❷ (1) ㋐の積乱雲(せきらんうん)は，夏によく見られる雲で，短い時間に強い雨を降(ふ)らせる。㋑の巻雲(けんうん)は，上空に強い風がふく，よく晴れた日に見られる。㋒の巻積雲(けんせきうん)は，丸くて小さな白い雲で，高い空に見られる。㋓の乱層雲(らんそううん)は，空の低いところにでき，長い時間広い地域(ちいき)に弱い雨を降(ふ)らせる。

(2) ①黒っぽい雲ということから乱層雲(らんそううん)である。

②低い空から高い空まで広がる雲は積乱雲(せきらんうん)である。

③高い空に見られる小さなかたまりの雲は巻積雲(けんせきうん)である。

④引っかいたような白い雲は巻雲(けんうん)である。

(3) その特ちょうから，かみなりが鳴ることがある積乱雲(せきらんうん)はかみなり雲，すじのような巻雲(けんうん)はすじ雲，うろこのような巻積雲(けんせきうん)はうろこ雲，雨を降(ふ)らせる乱層雲(らんそううん)は雨雲とよばれる。わかりやすいので，覚えておこう。

(4) 数時間にわたって同じような場所に大量に降(ふ)る雨は集中ごう雨といわれ，こう水やがけくずれなどの災害(さいがい)を起こすことがある。集中ごう雨が起こりそうなときは，気象情報(きしょうじょうほう)に注意が必要である。

5 天気の変化

標準レベル＋ 22～23ページ

■1 (1)雲

(2)アメダス

(3)大阪(おおさか)…ア　東京(とうきょう)…ウ　新潟(にいがた)…イ

■2 (1)西から東

(2)西から東

考え方

■1 (1) 雲画像(くもがぞう)では，雲は白くうつる。

(2) アメダスは，全国各地の雨量や風，気温などのデータを自動的に計測(けいそく)し，そのデータをまとめることができるシステムである。

(3) 図1の雲画像(くもがぞう)と図2の雨量情報(じょうほう)を見比(くら)べると，各地の天気がわかる。大阪(おおさか)は，雲がなく雨量もないので，晴れである。東京(とうきょう)は，雲も雨量も多いので，雨である。新潟(にいがた)には雲が多いが，図2では雨量がないので，天気はくもりである。

■2 (1) 4月25日と26日の雲画像(くもがぞう)を比(くら)べると，雲画像(くもがぞう)の白い雲は，西から東へ動いている。

(2) 天気は，雲の動きとともに，西から東へ変わる。

ハイレベル＋＋ 24～25ページ

❶ (1)気象衛星(きしょうえいせい)

(2)東

(3)西から東

(4)㋒→㋐→㋑

❷ (1)イ，ウ

(2)アメダスの雨量情報(じょうほう)では，雨が降(ふ)っていないから。(雨を降(ふ)らせる雲ではないから。)

(3)西から東

(4)晴れ

(5)4月27日正午の雲画像(くもがぞう)では，東京(とうきょう)より西側に雲がないから。

考え方

❶ (1) 雲画像(くもがぞう)は，気象衛星(きしょうえいせい)からの情報(じょうほう)をもとにして，雲のようすを表したものである。

(2) 雲は，西から東へ移動(いどう)する。

(3) 雲は西のほうから近づく。そのため，午後には，西のほうから雨が降り出し，天気は下り坂である。「下り坂」とは，晴れからくもり，またはくもりから雨へと天気が変わることをいう。晴れるのも西のほうから晴れる。

(4) 雲が西から東へ動いている順にならべる。

❷ (1) 27日の雲画像とアメダスの雨量情報から考える。雲画像で福岡には雲がなく，雨量情報でも雨量は記録されていない。そのため，福岡は晴れである。大阪は雲画像で雲はなく，雨量情報で雨量は記録されていないため，晴れである。東京は，雲画像で雲があり，雨量情報でも雨量が記録されているので，雨である。釧路は，雨量情報で雨量が記録されていて，雲画像で雲があるため，雨であったと考えられる。

(2) 25日の雲画像では，広島に雲がかかっている。ところが，雨量情報では雨量が記録されていない。そのため，25日正午の広島は，くもりであったと考えられる。

(3) 雲画像を見ると，25日には九州あたりにあった雲が，26日には大阪から東京あたりに動き，27日には東北へと動いている。つまり，雲は，西から東へ動いている。

(4)(5) 27日には，東京より西側には雲がない。そのため，雲がこのまま東へ動いていくと，28日の東京には雲がなくなり，28日の東京は晴れであると予想することができる。このように，天気は西から東へと移り変わっていくので，その地域よりも西にある地域の天気が，翌日の天気になると予想できる。実際に，新聞やインターネットで，連続3日間くらいの天気を調べてみるとよくわかる。

6 台風

標準レベル＋ 26〜27ページ

1 (1)ウ

(2)近づいたとき…強い風がふいたり，短い時間に大雨が降ったりする。

通り過ぎたあと…雨や風がおさまり，晴れる。

2 (1)大雨 (2)ア，ウ

(3)ハザードマップ

考え方

1 (1) 台風は，日本の南の海上で発生し，初めは西のほうへ動き，やがて北や東のほうへ動く。

(2) 台風が近づくと，強い風がふいたり，短い時間に大雨が降ったりする。しかし，台風が通り過ぎてしばらくすると，風や雨がおさまり，晴れることが多い。

2 (1) 写真は，大雨によって起きたこう水を表している。そのほか，大雨によって，土砂くずれが起きたり，川の増水で橋が流されたりすることがある。また，強風では，電柱や鉄とうがたおれたり，しゅうかく前のナシなどのくだものが落ちたりすることがある。

(2) 高潮は，台風が海岸を通過するときに海面が高くなることをいう。津波は，地震によって海底が変化して陸地へおしよせる波の変化である。高潮と津波はまったくちがうので，まちがえないようにしよう。地割れは地面が割れることで，地震により起こる。なだれは，山のしゃ面に積もった雪がすべり落ちることで，気温の変化や大雪などによる。乾燥は空気の乾燥した現象で，火災などが起こりやすいため，乾燥注意報が出される。したがって，台風によるものは，高潮と土砂くずれである。

(3) ハザードマップは，過去の自然災害の例から，その地域のひ害などを予想して地図に表したもので，日本各地でつくられている。自分たちが住んでいる地域のようすをハザードマップで調べておくことは大切である。ハザード（hazard）は危険，マップ（map）は地図という意味である。

ハイレベル＋＋ 28〜29ページ

❶ (1)㋐→㋒→㋑ (2)㋔→㋓→㋕

(3)ⓘ

(4)台風が進む向きと風の向きが同じだから。

❷ (1)㋐強い風 ㋑大雨

(2)ハザードマップを参考にして，危険な場所やひなん場所を調べておくこと。など

(3)大雨によって，水不足が解消されること。

ホッとひといき アメダス

考え方

❶ (1) 台風の中心にある「台風の目」の動きを調べるとわかりやすい。台風は，北東へ進んでいる。

(2) 台風の雲の動きに合わせて，雨量情報をならべる。

(3)(4) 台風の雲は台風の中心（台風の目）に対してうずをまいている。そして，台風の中心に向かって，時計の針と逆向きに，強い風がふいている。台風が進む方向の右側では，台風が進む方向と風の向きが同じになるため，特に強い風がふく。

❷ (1) ㋐は，しゅうかく前のリンゴが落ちているので，強い風によるものである。㋑は，川岸がくずれているので，大雨によるものである。

(2) ハザードマップで危険な場所やひなん場所を調べておくことのほかに，インターネットやテレビなどで気象情報を調べておくことや，気象庁から出される注意報，警報，特別警報に注意するなどして，いろいろな情報を集めておくことが大切である。また，日ごろから災害への備えをしておくことも大切である。

(3) 台風が多量の雨を降らせることによって，ダムなどの水不足が解消されることもある。

チャレンジテスト+++ 30〜31ページ

❶ (1)イ (2)ア

(3)8日…ア 9日…イ 10日…エ

❷ (1)ウ (2)イ

(3)

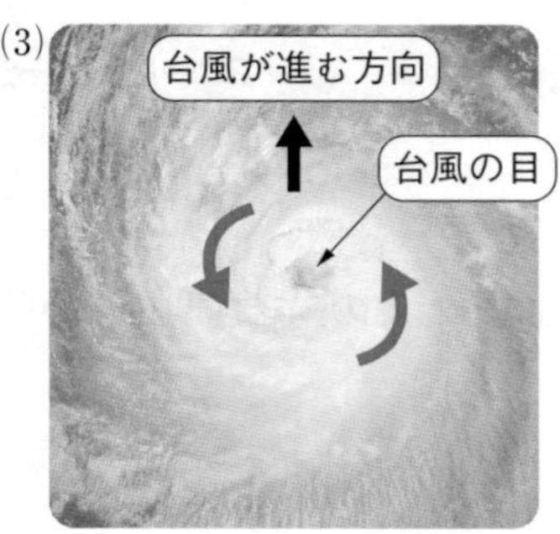

(4)①台風一過

②台風が通り過ぎたあと，晴れてよい天気になること。

考え方

❶ (1) 5月8日のグラフからわかるように，気温が正午から下がっている。午後1時には晴れにもかかわらず，気温が下がり続けている。よって，雲や太陽の高さによるものではなく，風が北風に変わったからだと考えられる。

(2) 5月9日のグラフからわかるように，ほとんど気温の変化がない。風の向きは北から東寄りになり，風の強さがだんだん弱くなっているが，天気はくもりのままなので，雲が多く，日光が届きにくかったと考えられる。

(3) 5月8日は，正午はくもりだが，ほとんど晴れである。5月9日は，くもりのままで変化がない。5月10日は，午前中は晴れて，午後からはくもりなので，晴れのちくもりである。

❷ (1) 台風の風は，台風の中心に向かってうずをまき，時計の針の動きと逆向きに風がふいている。そのため，「208」と書かれた観測地点より南に台風があるときは，東の方向から風がふき，台風が近づくにつれて，南の方向から風がふいてくる。さらに台風が北へ進むと，西の方向から風がふいてくる。

(2) 観測地点が，台風の進む方向の右側にあるときは，進む方向と風の向きが同じになるので，特に強い風がふき，大きなひ害が出やすくなる。地図上でも，台風の進路に対して東側の潮位の差が大きくなっている。

(3) 台風の風は，時計の針の動きと逆向きにふくので，中心をはさんで，2本の矢印を時計の針の動きと逆向きに記入する。

(4) 台風が通り過ぎてしばらくすると，風や雨がおさまって，晴れることを「台風一過」という。

7 メダカのたんじょう

標準レベル＋ 32～33ページ

1 (1)㋑

(2)せびれに切れこみがあり，しりびれが平行四辺形に近いから。

2 (1)㋑→㋓→㋔→㋐→㋒

(2)とっていない。

(3)たまごの中の養分を使って成長している。

(4)イ

考え方

1 (1)(2) ㋐はめすで，せびれに切れこみがなく，しりびれの後ろが短い。㋑はおすで，せびれに切れこみがあり，しりびれが平行四辺形に近い。このように，メダカのめすとおすは，せびれとしりびれの形で見分けることができる。また，めすは，おすよりもはらがふくれていることからも，見分けることができる。

2 (1) ㋑は，受精直後のたまごで，あわのようなものがたくさん見える。㋓は，受精後１時間くらいのもので，体のもとになるものができてきている。

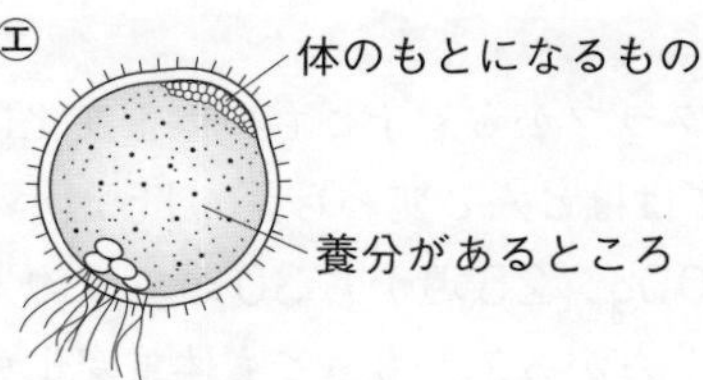

㋔は，２日目くらいのもので，体の形や目ができてくる。㋐は，７日目くらいのもので体が大きくなり，色がついてくる。㋒は，９日目くらいのもので，たまごのまくを破って子メダカが出てくる。したがって，㋑→㋓→㋔→㋐→㋒の順になる。

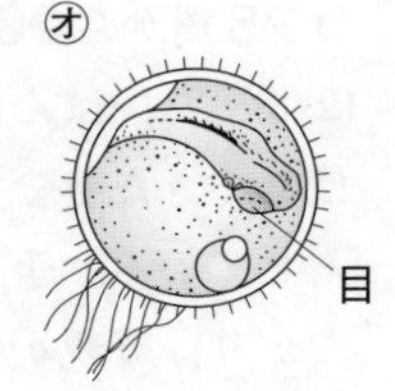

(2)(3) たまごの中のメダカは，水の中にあるえさをとらずに，たまごの中にある養分を使って育つ。

(4) たまごからかえった子メダカのはらには，養分の入ったふくろがある。そのため，しばらくは何も食べずに，底のほうでじっとしている。

ハイレベル＋＋ 34～35ページ

1 (1)日光が直接当たらない

(2)

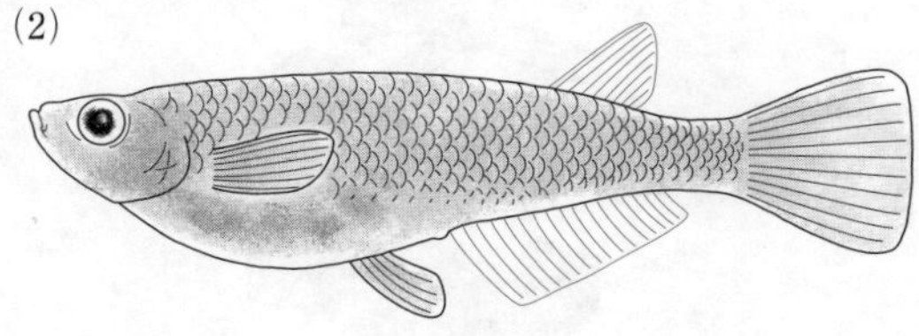

(3)ウ

(4)おすとめすの両方を入れないと，受精卵ができないから。

(5)めすは，産んだたまごを水草につけるから。

2 (1)エ

(2)㋐レンズ ㋑反射鏡

(3)エ→イ→ア→ウ

3 (1)イ (2)㋐

(3)㋐のほうが，はらのふくらんだ部分が小さくなっているから。

(4)はらのふくらんだ部分に入っている養分を使うから。

考え方

1 (1) 水そうを日光が直接当たるところに置くと，水の温度が上がり過ぎてしまうので，水そうは日光が直接当たらない明るいところに置く。

(2) メダカのめすとおすは，せびれとしりびれの形で見分けることができる。めすは，せびれに切れこみがなく，しりびれの後ろが短い。おすは，せびれに切れこみがあり，しりびれの形が平行四辺形に近い。

(3)(4) めすが産んだたまごが，おすが出した精子と結びつくことを受精といい，受精したたまごを受精卵という。そのため，受精卵ができるためには，めすとおすを同じ数ずつ入れる必要がある。

(5) めすは産んだたまごをしばらくはぶら下げているが，やがて，たまごを水草につける。

2 (1) 解ぼうけんび鏡は，レンズが１つなので，両目で見ることはできない。また，メダカのたまごなどのような比かく的大きいものを観察するのに使われるため，プレパラートをつくらなくてもよい。また，10～20倍に拡大して観察することができる。

(2) 解ぼうけんび鏡の部分の名前は覚えておこう。

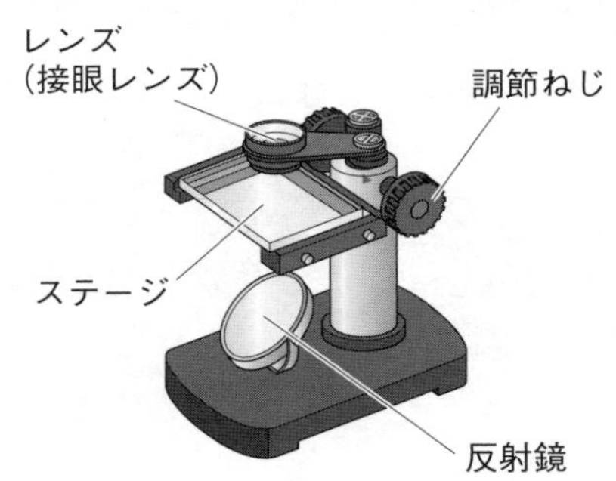

(3) 日光が直接当たらない，明るい場所に置く(**エ**)→反射鏡の向きを変えて，上からのぞいたときに見やすい明るさにする(**イ**)→観察するものをステージの中央にのせる(**ア**)→調節ねじを少しずつ回して，観察するものがはっきり見えるところで止める(**ウ**)。

❸ (1) 子メダカのはらのふくらんだ部分には，成長のための養分が入っている。

(2)(3) ㋐の子メダカのほうが，はらのふくらんだ部分が小さくなっている。これは，㋐の子メダカのほうがはらのふくらんだ部分にある養分を多く使ったからである。つまり，㋐の子メダカのほうが，たまごから先にかえっていると考えられる。

(4) かえったばかりの子メダカは，はらのふくらんだ部分に養分があるため，2〜3日の間は何も食べない。

8 ヒトのたんじょう

標準レベル＋ 36〜37ページ

1 (1)㋑→㋓→㋐→㋒　(2)㋑

(3)㋐

2 (1)記号…㋑　名前…**へそのお**

(2)**羊水**

(3)**外部からのしょうげきから守るはたらき。**

(4)**母親の乳**

考え方

1 (1) 子宮の中の子どもはだんだん大きくなるので，その大きさの順にならべると，育つ順になる。㋑が約4週目，㋓が約8週目，㋐が約24週目，㋒が約36週目である。

(2) 約4週で，心臓が動き始める。約8週で，目や耳ができる。約16週で，体の形や顔のようすがはっきりしてくる。

(3) 約24週で，ほねやきん肉が発達する。約36週で，回転できないほど，大きくなる。そして，約38週くらいで，母親から生まれてくる。

2 (1) ㋐はたいばん，㋑はへそのお，㋒は子宮，㋓は羊水を表している。子どもは，子宮のかべにあるたいばんからへそのおを通して，養分などを受けとり，いらなくなったものをわたしている。

(2)(3) 子宮の中の子どもをとり囲んでいる羊水は，外部からの力をやわらげて，子どもを守るはたらきをしている。

(4) 生まれた子どもは，半年以上の間，母親の乳を飲んで育つ。

ハイレベル＋＋ 38〜39ページ

❶ (1)**ウ**

(2)㋐**たいばん**　㋑**へそのお**

(3)**たいばんから，へそのおを通して養分を受けとっている。**

❷ (1)㋑　(2)**受精卵**

(3)①**ア**　②**ウ**　③**イ**　④**エ**

考え方

❶ (1) グラフから，子どもの体重変化は，5週〜10週ではほとんど変わらず，15週から20週では約400g，25週から30週では約1000gである。したがって，もっとも体重変化が大きいのは25週から30週であることがわかる。

(2)(3) たいばんは子宮のかべにあり，母親から運ばれてきた養分などといらなくなったものを交かんしている。子どもは，へそのおでたいばんとつながり，母親から養分などをとり入れ，いらなくなったものをわたしている。

❷ (1) ㋐は精子で，長さは約0.06mmあり，男性の体内でつくられる。㋑は卵で，直径約0.14mmあり，女性の体内でつくられる。

(2) 卵と精子が結びつくことを受精といい，受精してできた卵を受精卵という。受精すると，受精卵は成長を始める。

(3)　心臓が動き始めるのは約4週目，手やあしの形がはっきりわかるようになるのは約8週目，子宮の中で体を回転させ，よく動くようになるのは約24週目，かみの毛やつめが生えてくるのは約32週目である。

チャレンジテスト+++　40〜41ページ

1 (1)㋐せびれ　㋑おびれ　㋒しりびれ

(2)

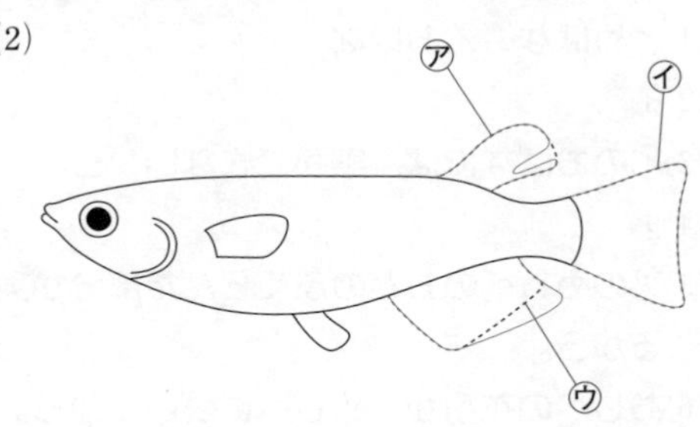

(3)順番…イ→エ→ア→ウ
言葉…精子

(4)①水草にからみつくはたらき。
②い

2 (1)ア　(2)ア，エ　(3)オ

考え方

1 (1)　メダカのせなかにあるのがせびれ，はらの下の尾の近くにあるのがしりびれ，尾にあるのがおびれである。

(2)　メダカのめすとおすは，せびれ，しりびれの形で見分けることができる。せびれに切れこみがなく，しりびれの後ろが短いのがめす，せびれに切れこみがあり，しりびれの後ろが長くて平行四辺形に近い形をしているのがおすである。

(3)　メダカがたまごを産むときのようすは，次のようになる。

❶おすがめすを追いかけ，そのあと，ならんで泳ぐようになる。

❷体をすり合わせ，おすは精子を出し，めすが産んだたまごに，精子がかかる。

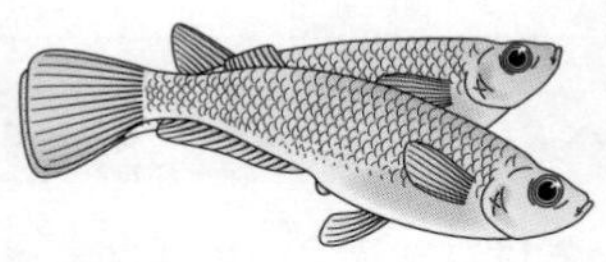

(4)①　メダカのたまごについている毛のようなものは，水草についたたまごを水草にからみつけ，たまごが流されたりするのを防いでいる。

②　メダカのたまごは，ふくらんだ部分いが体になる。うには養分がふくまれている。えのあわのようなものは，メダカがたまごからかえったときに，はらのふくらみの部分になる。

2 (1)　この画像は，ちょう音波を使って，子宮の中の子どもをうつしたものである。

(2)　メダカのたまごは直径約1mm，ヒトの受精卵は直径約0.1mmなので，ヒトの受精卵のほうが小さい。ふつう子どもは，受精後約38週間で生まれる。よって，ア，エが正しい。

(3)　陽子さんの「まず，お母さんの血液が，へそのおを通って，赤ちゃんの体の中に入ってね，そして，赤ちゃんは，その血液から養分など必要なものをもらい，いらなくなったものを返しているんだって。」という発言から考える。アの「へそのおのあとがへそなんだね。」というのは，陽子さんの会話とつながっていない。イは「赤ちゃんの体に血液が直接入る」がまちがっている。ウは「赤ちゃんを囲んでいる液体が養分」がまちがっている。エは「日光をもらっている」がまちがっている。オの「たいばんで母親から養分などをもらったり，いらなくなったものを返したりしている」は，たいばんについて話していて，陽子さんのまちがいを正しているので，もっともよいと考えられる。

9 花のつくり

標準レベル＋ 42〜43ページ

1 (1)図１…おばな　図２…めばな
(2)図１…ア　図２…ウ
(3)㋔　(4)おしべ
(5)花粉をつくるはたらき。

2 (1)㋖　(2)㋔　(3)イ

考え方

1

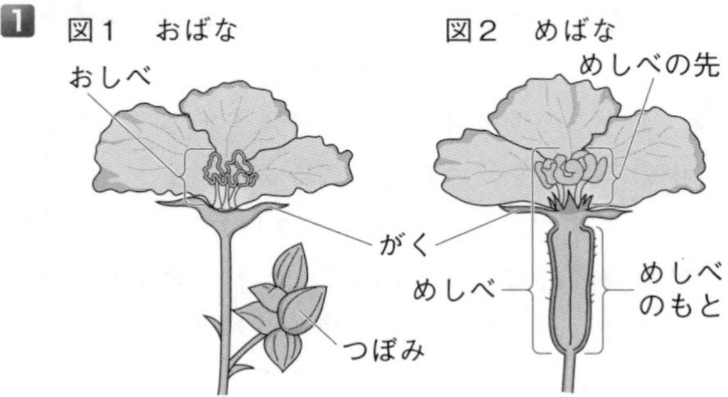

(1)　ヘチマの花には，めばなとおばなの２種類の花がある。めばなにはめしべがあり，おばなにはおしべがある。
(2)　おばなにはめしべがなく，めばなにはおしべがない。
(3)　育つと実になるのは，めしべのもとのふくらんだ部分である。
(4)　図１はおばなで，㋐はおしべである。
(5)　おしべの先についている粉を花粉といい，おしべには，花粉をつくるはたらきがある。

2

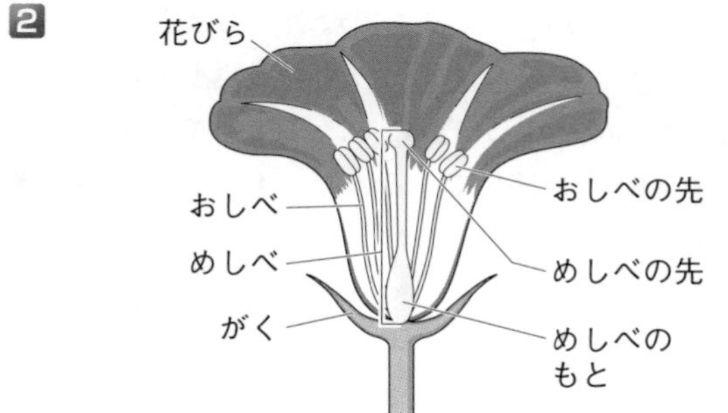

(1)　育つと実になるのは，めしべのもとのふくらんだ部分である。
(2)　花粉は，おしべの先に入っている。
(3)　１つの花におしべとめしべがそろっているのは，アサガオである。ヘチマは，めばなにめしべがあり，おばなにおしべがある。おしべで花粉がつくられるのは，アサガオもヘチマも同じである。育って実になるのは，アサガオもヘチマも，めしべのもとのふくらんだ部分である。おしべのもとには，ふくらんだ部分がない。

ハイレベル＋＋ 44〜45ページ

1 (1)㋐めばな　㋑おばな
(2)㋑
(3)㋑のおばなには，実ができないから。
(4)㋐
(5)㋐のめしべのもとのふくらんだ部分が実になるから。
(6)おしべの花粉が，めしべについたから。

2 (1)ウ
(2)㋐クリップ　㋑調節ねじ　㋒ステージ
㋓反射鏡
(3)ウ→ア→イ→エ
(4)㋒　(5)150倍　(6)Ⓑ

考え方

1 (1)　めばな(㋐)にはめしべがあり，めしべのもとの部分がふくらんでいる。おばな(㋑)にはおしべがある。
(2)(3)　地面に落ちてしまう花は，実ができない花なので，㋑のおばなである。
(4)　実ができる花は，めばな(㋐)である。
(5)　めしべのもとのふくらんだ部分が実になる。
(6)　花粉はおしべでつくられる。めしべの先に花粉がついているのは，おしべでつくられた花粉が，めしべについたためである。

2 (1)　図１のけんび鏡は，40〜600倍に拡大して観察できる。10〜20倍に拡大して観察できるのは，解ぼうけんび鏡である。解ぼうけんび鏡は，メダカのたまごのような比かく的大きいものを観察するときに使う。また，20〜40倍に拡大して観察できるのは，そう眼実体けんび鏡である。そう眼実体けんび鏡は，メダカのたまごのような厚みのあるものを観察するときに使う。
(2)　けんび鏡の部分の名前は覚えておこう。それぞれどのようなときに使うかも覚えておこう。

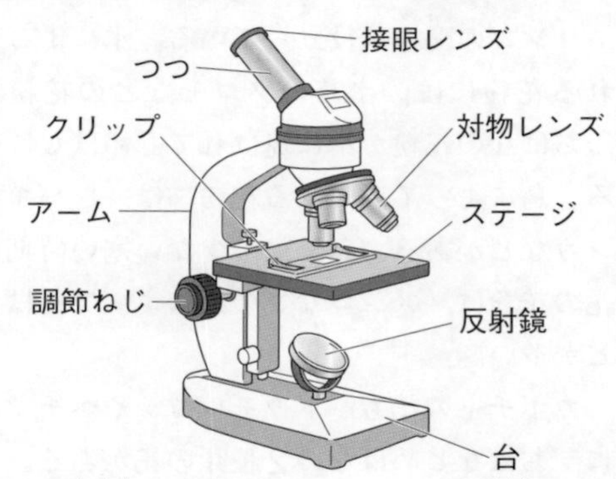

(3) ❶接眼レンズをのぞきながら，反射鏡を動かして明るくする。❷プレパラートをステージに置き，クリップでとめる。❸真横から見ながら調節ねじを回して，対物レンズとプレパラートを近づける。❹接眼レンズをのぞきながら，調節ねじを少しずつ回して，対物レンズをプレパラートから遠ざけていき，はっきり見えるところで止める。

(4) けんび鏡で見ると，プレパラート上のものは上下左右が逆に見える。よって，左下のものを中央に動かすには，プレパラートを左下へ動かす。

(5) 倍率＝接眼レンズの倍率×対物レンズの倍率 したがって，15倍×10倍＝150倍

(6) Ⓐはアサガオの花粉，Ⓑはヘチマの花粉である。

10 花から実へ

標準レベル＋　46〜47ページ

1 (1)めばな
(2)ほかの花の花粉がつかないようにするため。
(3)㋐(実が)できなかった。　㋑(実が)できた。
(4)受粉

2 (1)㋐は，受粉したから。
(2)種子

考え方

1 (1) 実のでき方を調べるので，めばなを使う。

(2) ふくろをかぶせないと，ほかの花の花粉がつき，実験の結果がわからなくなってしまう。

(3) ㋐はふくろをかけたままにして受粉させない。そのため，実ができない。㋑は，受粉させてから，再びふくろをかぶせるので，実ができる。

(4) ㋐，㋑で変える条件は，受粉をさせるかさせないかである。その結果，受粉をさせた㋑に実ができたので，実ができるためには受粉が必要であることがわかる。

2 (1) 受粉しなかっためしべは実にならず，やがてかれてしまう。㋐と㋑のちがいは，受粉したか，受粉しなかったかである。

(2) 実の中には，種子ができる。種子が発芽して育っていくことで，植物の生命はつながっていく。

ハイレベル＋＋　48〜49ページ

1 (1)できる。
(2)①花粉…つけない。　ふくろ…かぶせる。
②できない。
(3)生命をつなぐはたらき。

2 (1)トウモロコシ…㋒　コスモス…㋑
(2)トウモロコシ…風で運ばれる。
コスモス…こん虫の体について運ばれる。

ホッとひといき ㋐

考え方

1 (1) この実験では，受粉させるので，実ができる。

(2)① 受粉させる実験と，受粉させない実験を比べることで，受粉と実ができることとの関係がわかる。したがって，もう1つの実験では，受粉させない。変える条件は，受粉させるか受粉させないかなので，ふくろはかぶせる。

② もう1つの実験は，受粉させないので，実はできない。

(3) 種子が発芽し，育つことで，植物の生命はつながっていく。

2 (1)(2) トウモロコシの花粉は軽くて，風で遠くまで運ばれやすいようになっている。コスモスの花粉は表面に細かいとげがあり，こん虫の体にくっつきやすくなっている。そのほかに，ツバキの花粉は鳥によって運ばれ，水草のクロモの花粉は水にういてめばなへ運ばれる。花粉は，どのように運ばれるかによって，その形がちがう。㋐

は，ヘチマの花粉である。

チャレンジテスト+++ 50～51ページ

1 (1)ア　(2)ウ
(3)花粉がつかないようにするため。
(4)㋔　(5)㋒

2 (1)㋑　(2)エ　(3)ウ　(4)ア

考え方

1 (1)　図１の花はおばなで，図２の花はめばなである。おばなにはおしべがあり，めばなにはめしべがある。もとの部分（㋔）がふくらんでいるBが，めしべである。

図１　おばな　　図２　めばな

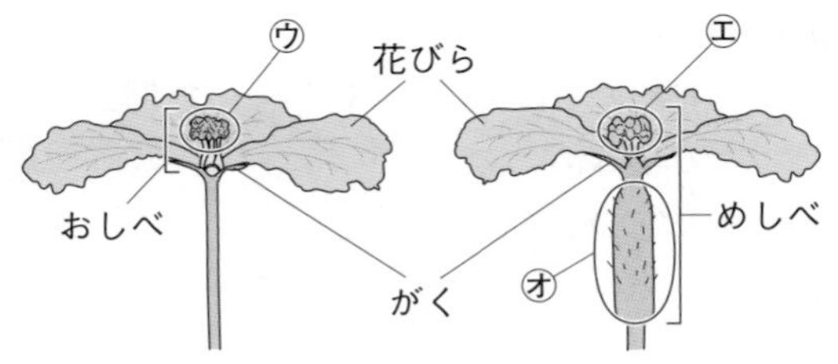

(2)　実験１の花はふくろをとって受粉させたので，実ができる。実験２の花は受粉させないので，実ができない。

(3)　ふくろをかけたままにしておかないと，ほかの花の花粉がついて，受粉してしまう。

(4)　実になるのは，めしべのもとのふくらんだ部分である。

(5)　花粉は，おしべでつくられる。そのため，花粉は，もともとおしべの先の部分にある。

2 (1)(2)　㋐はヘチマの花粉，㋑はトウモロコシの花粉，㋒はヒマワリの花粉，㋓はマツの花粉である。ヒマワリの花粉には表面に細かいとげがあり，こん虫の体にくっつきやすいようになっている。風によって運ばれる花粉には，トウモロコシやマツのほかに，イネやスギがある。これらの花粉は，風に運ばれやすいように軽くなっている。こん虫によって運ばれる花粉には，ヒマワリのほかにセイタカアワダチソウやコスモス，リンゴなどがある。リンゴ農家では，マメコバチという小さなハチを使って，リンゴに受粉させている。マメコバチは，ミツバチよりも小さなハチで，リンゴの花がさくころに飛び回り，人をささないため，リンゴの受粉に役立っている。水によって運ばれる花粉には，水草のクロモなどの花粉があり，おばなの花粉が水に運ばれて，めばなに受粉する。鳥によって運ばれる花粉には，ツバキやサザンカなどがある。こん虫の少ない寒い時期にさく花の花粉は，メジロなどの鳥によって運ばれることが多い。

(3)　カボチャの花も，トウモロコシやヘチマのように，おばなとめばなの２種類の花がある。イネやアブラナ，チューリップは１つの花にめしべとおしべがある。

(4)　トウモロコシのおばなは，ほかのかぶのめばなと受粉しやすいように，めばなよりも早くさく。早くさいたおばなの花粉は，風に運ばれて，ほかのかぶのめばなと受粉する。めばなのほうが，おばなよりも早くさくと，おそくさいたおばなの花粉が近くにある同じかぶのめばなにほとんどついてしまう。また，おばなとめばなが同時にさいた場合も，同じかぶのめばなと受粉しやすくなってしまう。

11 流れる水のはたらき

標準レベル＋ 52～53ページ

1 (1)速い (2)けずられていく。
(3)㋒
(4)㋑たい積 ㋒しん食
(5)大きくなる。

2 (1)流す水の量
(2)㋑ (3)㋑
(4)けずるはたらき…大きくなる。
運ぶはたらき…大きくなる。

考え方

1 (1) 山の上のほうにある㋐の部分は，山の下のほうに比べてかたむきが大きい。そのため，水の流れる速さは，山の下のほうに比べて速くなる。
(2) ㋐の部分は，かたむきが大きく，水の流れる速さが速いため，地面をけずるはたらきが大きくなる。そのため，㋐の部分の土はけずられていく。
(3) 曲がって流れているところでは，外側の水の流れは速く，内側の水の流れはおそい。
(4) 流れの速い外側では地面がけずられ，流れのおそい内側では土が積もる。流れる水が地面をけずるはたらきをしん食，土を積もらせるはたらきをたい積という。
(5) 水を流し続けると，外側にはたらくしん食，内側にはたらくたい積が起こり続けるため，外側がさらにけずられ，内側にはさらに土が積もる。よって，曲がり方は大きくなる。

2 (1) せんじょうびんの数を変えて水を流し，ほかの道具や土などは同じである。したがって，変える条件は流す水の量であり，変えない条件はしゃ面のかたむきと土の量である。
(2) せんじょうびん1つのときと2つのときでは，土のけずられ方は，2つのときのほうが大きい。
(3) せんじょうびん1つのときと2つのときでは，運ばれる土の量は，2つのときのほうが多い。
(4) 流れる水の量は，せんじょうびん2つのときのほうが1つのときより多い。したがって，流れる水の量が多くなると，土をけずるはたらきも，土を運ぶはたらきも大きくなる。

ハイレベル＋＋ 54～55ページ

1 (1)ビデオカメラ，タブレット型コンピュータ，デジタルカメラなど。
(2)①水を流す前の川岸の位置がわかるため。
②㋑，㋒
(3)流れの速さや土が積もったところがわかりやすいため。

2 (1)㋐ (2)㋐ (3)しん食 (4)㋒
(5)たい積 (6)㋐ (7)運ぱん
(8)内側…たい積 外側…しん食
(9)地面をけずるはたらき…大きくなる。
土や石を運ぶはたらき…大きくなる。
(10)流れる水の量が多くなると，水の速さが速くなるから。

考え方

1 (1) ビデオカメラ，タブレット型コンピュータ，デジタルカメラ以外でも，記録できるものであればよい。動画で記録しておくと，そのときのようすを見直すことができるので便利である。
(2)① はじめの位置に旗を立てておくと，どれだけ曲がったかがよくわかる。
② 土がけずられると，そこに立てておいた旗がたおれる。曲がったところの外側は，水の流れが速いため，大きくけずられる。よって，㋑と㋒の旗がたおれる。また，曲がったところの内側は，水の流れがおそいため，土が積もる。よって，㋐と㋓の旗はたおれない。
(3) チョークの粉やカラーサンドなどは，色がついているので，どのように流れ，どこに積もったかがよくわかる。そのため，チョークの粉やカラーサンドなどを流すと，流れの速さや土が積もったところがわかりやすくなる。

2 (1) かたむきが大きいところは流れが速く，かたむきが小さいところは流れがおそい。
(2) 流れが速いところは，地面をけずるはたらきが大きい。そのため，地面をけずるはたらきが大きいのは，かたむきが大きい㋐である。
(3) 地面をけずるはたらきを，しん食という。

(4)　流れがおそいところは，土や石を積もらせるはたらきが大きい。そのため，土や石を積もらせるはたらきが大きいのは，かたむきが小さい㋒である。

(5)　土や石を積もらせるはたらきを，たい積(せき)という。

(6)　土や石を運ぶはたらきは，流れの速いところでは大きく，流れのおそいところでは小さい。よって，土や石を運ぶはたらきが大きいのは，かたむきが大きい㋐である。

(7)　土や石を運ぶはたらきを，運(うん)ぱんという。

(8)　曲がって流れているところの内側は，流れがおそいので，土や石を積もらせるはたらきが大きい。つまり，曲がって流れているところの内側で大きいはたらきは，たい積(せき)である。また，曲がって流れているところの外側は流れが速いので，地面をけずるはたらきが大きい。つまり，曲がって流れているところの外側で大きいはたらきは，しん食(しょく)である。

(9)(10)　流れる水の量が多くなると，水の速さが速くなるため，地面をけずるはたらきのしん食や，土や石を運ぶはたらきの運(うん)ぱんが大きくなる。

12 川の流れと土地の変化

標準レベル＋　56～57ページ

1 (1)㋐平地へ出たあたり　㋑海の近くの平地
　㋒山の中
(2)㋑川はばが広く，流れがゆるやかであるため。
　㋒川はばがせまく，角ばった大きな石があるため。

2 (1)㋐
(2)丸みのある小さな石が多く見られるから。
(3)㋑

考え方

1 (1)(2)　山の中，平地へ出たあたり，海の近くの平地では，川のようすや石のようすがちがう。山の中では土地のかたむきが大きいので，水の流れが速く，川はばがせまく，大きくて角ばった石が多くなる。そして，平地へ行くほど土地のかたむきが小さくなるので，水の流れはおそくなり，川はばが広く，小さくて丸い石が多くなる。したがって，㋒は山の中，㋐は平地へ出たあたり，㋑は海の近くの平地である。

2 (1)(2)　石のようすは，山の中，平地へ出たあたり，海に近い平地でちがう。山の中の石は，大きくて角ばっている。平地になるにつれて，丸みのある小さな石が多くなる。㋑は山の中の石，㋒は平地へ出たあたりの川原(かわら)の石，㋐は海に近い平地の川原(かわら)の石である。

(3)　土地のかたむきが大きいところでは，しん食(しょく)や運(うん)ぱんのはたらきが大きい。そのため，山の中では，しん食(しょく)のはたらきがもっとも大きくなる。

ハイレベル＋＋　58～59ページ

1 (1)がけ
(2)内側…おそい。(ゆるやか。)
　外側…速い。
(3)川の水で運ばれていく間にぶつかり合ったりして角がとれ，丸くなるから。
(4)川はば…広くなる。
　流れの速さ…おそくなる。(ゆるやかになる。)
(5)山の中

2 (1)㋐上流　㋑中流　㋒下流
(2)㋐イ　㋑ア　㋒ウ

ホッとひといき　㋐と㋒

考え方

1 (1)　曲がって流れているところの外側はしん食(しょく)のはたらきが大きい。そのため，曲がって流れているところの外側はがけになっているところが多い。

(2)　曲がって流れているところの内側は流れがおそく，外側は流れが速い。

(3)　石が流されていく間に，石と石がぶつかり合うことによって角がとれ，しだいに丸くなっていく。

(4)　川が山の中から平地へ流れるにつれて，土地のかたむきが小さくなるため，流れの速さがおそくなる。流れの速さがおそくなると，川はばは広くなる。かたむきの小さいしゃ面の上から水を流してみると，かたむきの大きいしゃ面の上から水を流したときに比(くら)べて，流れのはばが広くなることからもわかる。

(5) しん食や運ぱんは，流れの速い山の中で大きくはたらく。

❷ (1) ㋐は山の中，㋑は平地に流れ出たあたり，㋒は海の近くの平地である。

(2) ㋐はV字谷，㋑は扇状地，㋒は三角州とよばれる地形である。

チャレンジテスト+++ 60〜61ページ

❶ (1)①速くなる。 ②大きくなる。

(2)ウ

❷ (1)㋐しん食 ㋑運ぱん ㋒たい積

(2)①速 ②おそ

❸ (1)㋐ウ ㋑ア (2)イ

考え方

❶ (1) 流す水の量を増やすと，水の流れる速さは速くなる。水の流れる速さが速くなると，土をけずるはたらきが大きくなる。

(2) 土地のかたむきが小さいところを流れる川は曲がりくねっている。土地のかたむきが小さいと，流れの速さがおそくなり，川は曲がりくねって流れるようになる。石狩平野は土地のかたむきが小さいため，石狩平野を流れる石狩川は曲がりくねって流れる。このような流れ方は，ヘビのように曲がりくねっているということから蛇行とよばれる。石狩川は，蛇行が特に多いことで有名である。

❷ (1) 流れる水が地面をけずるはたらきをしん食，土や石を運ぶはたらきを運ぱん，土や石を積もらせるはたらきをたい積という。

(2) 流れの速さが速いときに大きなはたらきをするのは，しん食や運ぱんである。また，流れの速さがおそいときに大きなはたらきをするのは，たい積である。たい積は，つぶが大きく重いものから積もらせ，つぶが小さくて軽いものは遠くまで運ばれてから積もらせる。そのため，海に近いところの川原は，丸みのある小さな石や砂が多い。どろのようなつぶの小さいものは，海の沖まで運ばれてたい積することが多い。

❸ (1) 問題文に，「㋐は下流に向かって右岸に大きな川原がある」と書かれている。そのため，㋐は，下流に向かって右岸の川底が浅く，左岸の川底が深いと考えられる。よって，下流側から見ると，㋐は左側が川原になるので，左側の川底が浅く，右側の川底が深い。そのことから考えて，㋐の断面図はウである。ア〜ウの断面図は，下流側から見ていることに注意しよう。また，「㋑は両岸に川原が見られます」とあるので，㋑は左右の川底が浅いことがわかる。川の真ん中の川底は深いことから，㋑の断面図はアである。

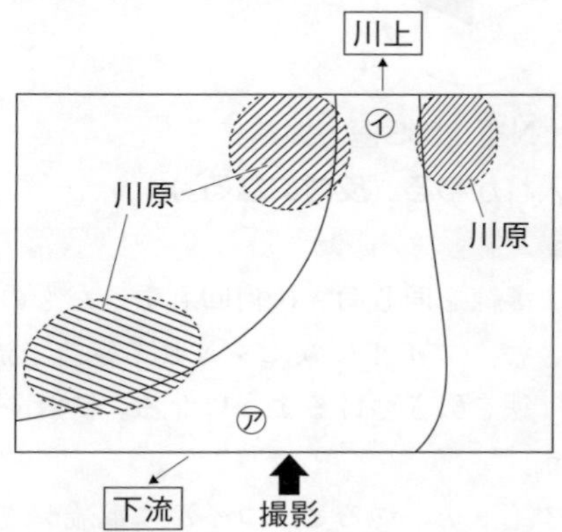

(2) 川原ができるのは，川底が浅く，水の流れがゆるやかなところである。川が曲がっているところでは流れのゆるやかな内側に川原ができ，川がまっすぐなところでは両岸に川原ができやすい。このことから，㋐は下流に向かって右側に曲がっているところ，㋑はまっすぐに流れているところだと考えられるので，イがあてはまる。

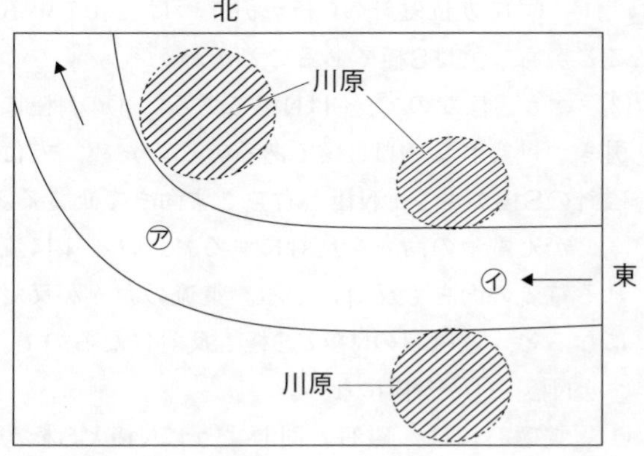

13 電磁石の性質

標準レベル＋　62〜63ページ

1 (1)つく。　(2)つかない。

(3)(コイルに)電流を流したとき。

2 (1)S極

(2)

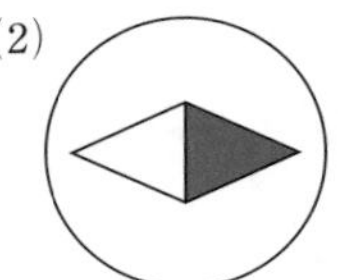

(3)㋐N極　㋑S極

(4)入れかわる。(反対になる。)

考え方

1 (1)　導線を同じ向きに何回もまいたものをコイルといい，コイルに鉄心を入れて電流を流すと，鉄心は鉄を引きつけるようになる。これを電磁石という。

(2)　スイッチを切ると，コイルに電流が流れないので，電磁石は磁石の性質をもたなくなる。

(3)　電磁石は，コイルに電流が流れているときだけ，磁石の性質をもつ。そのため，鉄心に鉄のゼムクリップがつくのは，スイッチを入れて，電流が流れているときだけである。磁石はいつも鉄を引きつけるが，電磁石が鉄を引きつけるのは，電流が流れているときだけである。

2 (1)　㋐に方位磁針のN極が引きつけられていることから，㋐はS極であることがわかる。

(2)　㋐がS極なので，㋑はN極である。㋑のN極に引きつけられるのはS極である。そのため，方位磁針のS極が左を，N極が右をさす向きで止まる。

(3)　かん電池の向きを反対にすると，コイルに流れる電流の向きも反対になる。電流の向きが反対になると，電磁石のN極とS極も反対になるので，㋐がN極，㋑がS極になる。

(4)　電磁石には，磁石と同じようにN極とS極がある。磁石のN極とS極は常に変わらないが，電磁石のN極とS極は，電流の向きが反対になると入れかわる。

ハイレベル＋＋　64〜65ページ

1 (1)熱くなる

(2)N極が引きつけられればS極で，S極が引きつけられればN極

(3)何を…かん電池(を)

どうする…向きを変える。

(4)入れかわった。(反対になった。)

(5)電磁石に電流が流れているとき。

2 (1)ウ　(2)同じ方向にまいていく。

(3)紙やすりでエナメルをけずってはがす。

3 (1)㋐S極　㋑N極

(2)

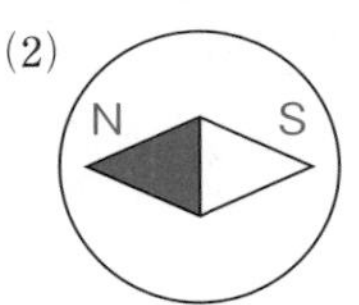

(3)㋐N極　㋑S極

(4)電流の向きを反対にする。

考え方

1 (1)　コイルに電流を流し続けると，コイルが熱くなる。そのため，コイルに電流を流すのは，調べるときだけにする。

(2)　方位磁針のN極が引きつけられるのはS極，S極が引きつけられるのはN極である。N極とN極，S極とS極はしりぞけ合う。

(3)　回路に流れる電流の向きを変えるには，かん電池の＋極と－極を入れかえればよい。図の回路には検流計があるが，検流計を使うと，回路に流れる電流の向きと大きさを調べることができる。検流計の針のふれる向きが電流の向きを表し，針のさす目もりが電流の大きさを表す。

(4)　かん電池の向きを反対にしてコイルに流れる電流の向きを反対にすると，電磁石のN極とS極が入れかわる。

(5)　電磁石が鉄を引きつけるときは，電磁石に電流が流れているときである。電流が流れないようにすると，電磁石は鉄を引きつけることができない。

2 (1)　ビニルのひもや毛糸は電気を通さないので，導線として使うことはできない。エナメル線は，電気を通す銅線に電気を通さないエナメルを

ぬったものであり，導線として使われている。

(2) 導線は同じ方向にまいていく。

(3) エナメルは電気を通さないため，かん電池につなぐ部分は紙やすりなどでけずる。エナメル線の中の銅線は電気を通すため，エナメルをはがした銅線をかん電池などにつなぐと電気が流れる。

❸ (1) 電磁石の㋐の左に置いた方位磁針のN極が㋐に引きつけられていることから，㋐はS極になっていることがわかる。このとき，㋑はN極になっている。

(2) かん電池の向きを反対にすると，コイルに流れる電流の向きも反対になる。そのため，図2の㋐の左に置いた方位磁針の針は，図1の㋐の左に置いた方位磁針の針と逆になる。つまり，図2の㋐の左に置いた方位磁針の針は，N極が左を，S極が右をさす。

(3) 図2の㋐の左に置いた方位磁針の針は，N極が左を，S極が右をさしたことから，㋐はN極であることがわかる。㋐がN極なので，㋑はS極である。

(4) この実験から，かん電池の向きを反対にして，電流の向きを反対にすると，電磁石のN極とS極が入れかわることがわかる。

14 電磁石の強さ

標準レベル＋ 66～67ページ

1 (1)直列つなぎ　(2)図2

(3)図2

(4)大きくする。

2 (1)ア，ウ　(2)図2

(3)多くする。

考え方

1 (1) かん電池のつなぎ方には直列つなぎとへい列つなぎがある。直列つなぎは，かん電池の＋極と，別のかん電池の－極がつながっていて，回路がとちゅうで分かれていない。へい列つなぎは，かん電池の＋極どうし，－極どうしがつながっていて，回路がとちゅうで分かれている。

直列つなぎ　へい列つなぎ

(2) かん電池の直列つなぎは，かん電池をつなげばつなぐほど，回路に流れる電流は大きくなる。

(3) 電磁石が強いほど，ゼムクリップのつく数は増える。電磁石が強いのは，大きな電流が流れている図2である。

(4) 電磁石を強くするためには，電流を大きくする方法と，コイルのまき数を多くする方法がある。ここでは，「電流の大きさをどのようにすればよいか」と問いかけられているので，電流について答える。

2 (1) コイルのまき数と電磁石の強さとの関係を調べるため，コイルのまき数以外の条件は同じにする。

(2) 電磁石が強いほど，電磁石につくゼムクリップの数は多くなる。また，コイルのまき数が多いほど，電磁石は強くなる。したがって，電磁石についたゼムクリップの数が多いのは，図2である。

(3) コイルのまき数と電磁石の強さとの関係では，コイルのまき数の多いほうが，電磁石は強くなる。つまり，電磁石を強くするためには，コイルのまき数を多くすればよい。

ハイレベル＋＋ 68～69ページ

❶ (1)直列

(2)電磁石につくゼムクリップの数で調べる。

(3)(下線部)③

(4)導線の全体の長さを変えないようにする。

(5)電流の大きさ…電流を大きくすると，電磁石は強くなる。

コイルのまき数…コイルのまき数を多くすると，電磁石は強くなる。

❷ (1)もっとも強い電磁石…㋕

もっとも弱い電磁石…㋐

(2)もっとも多い電磁石…㋕

もっとも少ない電磁石…㋐

(3)㋔　(4)㋐，㋒

(5)㋐，㋑，㋒

(6)㋒

考え方

❶ (1)　かん電池２個をつなぐとき，回路に流れる電流の大きさを大きくするには，直列つなぎにする。かん電池２個のへい列つなぎでは，回路に流れる電流の大きさは，かん電池１個のときと同じ大きさである。

(2)　電磁石が強くなったかどうかは，電磁石に引きつけられるゼムクリップの数で調べる。

(3)(4)　実験１では，電流の大きさと電磁石の強さとの関係について調べるため，電流の大きさ以外の条件は同じにする。したがって，下線部①は正しい。実験２では，コイルのまき数と電磁石の強さとの関係を調べるのだから，コイルのまき数以外の条件は同じにする。したがって，下線部②は正しい。ところが，下線部③は，「導線の長さが足りないから，導線をつぎ足して調べたよ。」と言っているため，まちがっている。コイルのまき数以外の条件は同じにしなければならない。つまり，導線をつぎ足して導線全体の長さを変えるのはまちがいである。

(5)　電流の大きさと電磁石の強さ，コイルのまき数と電磁石の強さの関係は，次のようになる。

・電流を大きくすると，電磁石は強くなる。
・コイルのまき数を多くすると，電磁石は強くなる。

❷ (1)　コイルのまき数が多く，電流が大きいほど，電磁石は強い。㋓，㋔，㋕はかん電池の直列つなぎなので，㋐，㋑，㋒より電流が大きい。したがって，コイルのまき数がいちばん多く，電流の大きい㋕が，もっとも強い電磁石である。また，コイルのまき数がいちばん少なく，電流の小さい㋐が，もっとも弱い電磁石である。

(2)　電磁石の強さは，引きつけられるゼムクリップの数によって表される。したがって，ゼムクリップの数がもっとも多い電磁石は，もっとも強い電磁石だから，㋕である。また，ゼムクリップの数がもっとも少ない電磁石は，もっとも弱い電磁石だから，㋐である。

(3)　電流の大きさと電磁石の強さについて調べるため，変える条件は電流の大きさで，それ以外の条件は同じにする。したがって，コイルのまき数が同じで電流の大きさがちがうのは，㋐と㋓，㋑と㋔，㋒と㋕の３組である。問題文に「㋑とどれか」とあるので，答えは㋔である。

(4)　コイルのまき数と電磁石の強さについて調べるため，変える条件はコイルのまき数で，それ以外の条件は同じにする。したがって，電流の大きさが同じでコイルのまき数がちがうのは，㋐と㋑と㋒，㋓と㋔と㋕の２組である。問題文に，「㋑とどれを比べればよいか」とあるので，答えは㋐と㋒である。

(5)　図２は，かん電池２個のへい列つなぎである。かん電池２個のへい列つなぎの電流の大きさは，かん電池１個のときと同じである。したがって，図２の回路に流れる電流の大きさと同じ電流が流れるのは，㋐，㋑，㋒である。

(6)　図２はコイルのまき数が150回である。図２の回路に流れる電流の大きさと同じ大きさの電流が流れている㋐，㋑，㋒のうち，コイルのまき数が150回のものは，㋒である。

15　電磁石を利用したもの

標準レベル＋　70～71ページ

1 (1)鉄を引きつける性質

(2)電磁石のコイルのまき数を多くする。

2 (1)回路に電流が流れるようにするため。

(2)ア　(3)モーター

考え方

1 (1)　鉄の空きかん拾い機は，電流が流れている間だけ磁石になって鉄を引きつける，電磁石の性質を利用している。鉄の空きかんをはなす必要があるときは，電流を流さないようにする。電流を流さないようにすれば，鉄の空きかんをはなす。

(2)　電磁石を強くするには，電流を大きくすることと，コイルのまき数を多くすることの２つの方法がある。ここでは，かん電池の数を増やすこと以外の方法を答えなければならないので，コイルのまき数について答える。

2 (1)　エナメル線の表面は電気を通さない材料でできているので，紙やすりで表面をはがし，電流が流れるようにする。

(2)　かん電池２個の直列つなぎは，かん電池１個のときより大きな電流が流れる。そのため，ゼムクリップは速く回るようになる。

(3)　電磁石と磁石を使ってコイルが回り続けるようにしたものをモーターという。電気を通すと運動し始める器具は，モーターを使っていることが多い。身近なものでは，せん風機やスマートフォンなどがある。モーターのしくみについては，中学でくわしく学ぶ。

ハイレベル＋＋　72〜73ページ

1 (1)ア

(2)右図

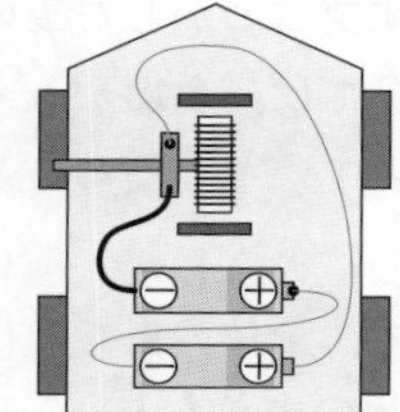

(3)直列つなぎにすると電流が大きくなり，電磁石が強くなるため。

2 (1)N極

(2)かん電池の向きを逆にする。
(電流の向きを逆にする。磁石の極を逆にする。)

(3)電磁石のコイルのまき数を増やす。

考え方

1 (1)　電磁石の強さは，コイルのまき数に関係する。おそかった車の電磁石は，速かった車の電磁石より弱いことがわかる。速かった車の電磁石のコイルは200回まいていることから，おそかった車の電磁石のコイルのまき数は，200回より少ないことになる。

(2)　かん電池を１個増やして２個にし，電流を大きくするためには，２個のかん電池を直列つなぎにする必要がある。直列つなぎにするためには，かん電池の＋極と別のかん電池の－極がつながり，回路がとちゅうで分かれないように線をつなぐ。

(3)　直列つなぎにすると，回路に流れる電流が大きくなる。そのため，電磁石が強くなって，回転が速くなり，車が速く走るようになる。

2 (1)　すぐに止まるのは，おもちゃにはりつけてある磁石の極と，紙コップにつけてある電磁石の極が引き合うからである。おもちゃにとりつけてある磁石は，電磁石側がS極である。S極と引き合うのはN極なので，電磁石の㋐の極はN極である。

(2)　おもちゃが止まらずにゆれ続けるようにするには，電磁石の㋐の極をS極にすればよい。そのためには，電流の向きを変える必要がある。電流の向きを変えるためには，かん電池の向きを変えればよい。また，磁石の向きを逆にすれば，磁石の下のはしがN極になるので，それでもよい。

(3)　もっと大きくゆれるようにするには，電磁石を強くすればよい。そのためには，電磁石のコイルのまき数を増やす。かん電池２個を直列つなぎにしてもよいが，問題文に「電磁石をどのように変えたらよいか」とあるので，答えは，電磁石について答える。

チャレンジテスト＋＋＋　74〜75ページ

1 (1)調べる条件以外は，同じにする必要があるから。

(2)電流を流したままにすると，導線が熱くなるから。

(3)①約1.3倍　②約1.6倍
③かん電池２個を直列つなぎにしたとき。

2 (1)ウ

(2)①電磁石のもつ力が弱いから。
②コイルのまき数を多くする。
かん電池を増やす。

3 (1)ウ

(2)大きな電流を流す。

考え方

1 (1)　変える条件は，コイルのまき数とかん電池の数だけだから，調べる条件以外(導線の長さ，かん電池の種類など)は同じにする。

(2)　コイルに電流を流したままにすると導線が熱くなるので，スイッチを入れるのは調べるときだけにする。

(3)① かん電池１個のとき，ついたゼムクリップの数は，コイルのまき数が100回では31.7個，コイルのまき数が200回では42.3個である。よって，かん電池１個でコイルのまき数を２倍にしたときは，ついたゼムクリップの数は，42.3÷31.7＝1.33…　約1.3倍

② コイルのまき数が100回のとき，ついたゼムクリップの数は，かん電池１個のときは31.7個，かん電池２個の直列つなぎのときは52.0個である。よって，コイルのまき数が100回で，かん電池２個の直列つなぎでは，ついたゼムクリップの数は，52.0÷31.7＝1.64…　約1.6倍

また，コイルのまき数が200回のとき，かん電池１個のときは42.3個，かん電池２個の直列つなぎのときは67.3個である。したがって，67.3÷42.3＝1.59…　約1.6倍

このように，コイルのまき数が100回で計算しても，コイルのまき数が200回で計算しても，かん電池２個の直列つなぎでは，ついたゼムクリップの数は約1.6倍である。

③ ①(かん電池１個でコイルのまき数を２倍にしたとき)は約1.3倍，②(コイルのまき数を同じにして，かん電池２個を直列つなぎにしたとき)は約1.6倍であることから，かん電池２個を直列つなぎにしたときのほうが，ゼムクリップの数が増える割合は大きいことがわかる。

2 (1) 鉄以外は，電磁石につかない。

(2)① 魚は引きつけられたが，もち上がる前に落ちたということから，電磁石の力が弱かったと考えられる。

② 電磁石を強くするためには，コイルのまき数を多くする方法と，流れる電流を大きくする２つの方法がある。

3 (1) 電磁石は，電流が流れないときは磁石の性質をもたないので，鉄を引きつけたり，はなしたりすることができる。

(2) 大きな電流を流すと，電磁石は強くなる。そのほかに，コイルのまき数を多くしたり，鉄しんを太くしたりしても電磁石は強くなる。

7章 水よう液

16 もののとけ方

標準レベル＋　76〜77ページ

1 (1)食塩の入れ物の重さをはかっていないため。
(全体の重さをはかっていないため。)
(2)食塩の入れ物の重さもはかる。
(全体の重さをはかる。)
(3)54g　(4)20g

2 (1)ア　(2)㋑　(3)㋐
(4)水よう液

考え方

1 (1) 食塩を水にとかしたとき，水にとけた食塩は見えないが，なくなったわけではない。そのため，食塩をとかす前ととかした後の全体の重さは同じである。図２では，食塩が入っていた入れ物が台ばかりにのっていないため，入れ物の重さだけ軽くなる。

(2) 図１も図２も，全体の重さをはかる。全体の重さとは，入れ物の重さも入っているので，図２は，食塩が入っていた入れ物の重さもはかる必要がある。

(3) 50gの水に4gの食塩がとけているため，できた水よう液の重さは，50g＋4g＝54g

(4) 水よう液は120gで，そのうち水が100gだから，とけている食塩は，120g－100g＝20g

2 (1) ものを水にとかしてできた水よう液は，とかしたもののつぶが見えなくなり，すき通っている。

(2) かたくり粉は水にとけないので，ビーカーの底につぶがしずむ。コーヒーシュガーは水にとけるので，つぶは見えなくなり，つぶがビーカーの底にしずむことはない。

(3) ものが水にとけると，つぶが見えなくなり，液がすき通って見えるようになる。色がついていても，すき通っていれば，水にとけたといえる。

(4) ものが水にとけた液を水よう液という。㋐は，コーヒーシュガーがとけた水よう液である。かたくり粉は水にとけないので，㋑は水よう液ではない。

ハイレベル++ 78〜79ページ

❶ (1)風通しがよく，日光がよく当たる場所
(2)食塩は，水にとけてもなくなっていないこと。
(3)でんぷんは，水にとけないこと。
(4)水よう液　(5)ア，エ

❷ (1)全体　(2)100.0

❸ (1)コーヒーシュガー，砂糖
(2)210g　(3)なくなっていない。
(4)(水よう液の重さ＝)水の重さ＋とかしたものの重さ
(5)
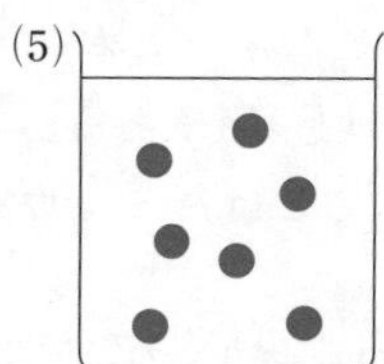

考え方

❶ (1)　スライドガラスの上にたらした液の水をじょう発させるには，スライドガラスを，風通しがよく，日光がよく当たる場所に置く。日光が当たらない場所では，水がじょう発しにくい。
(2)　食塩は水にとけて見えなくなるが，なくなったわけではない。もし，食塩がなくなっていれば，食塩を水に入れる前とあとの重さを比べたとき，あとの重さのほうが軽くなるはずである。ところが，下線部②では，同じになったと言っている。
(3)　つぶが水にとければ，液がすき通る。しかし，下線部③にあるように，時間がたってもにごっている。そのため，でんぷんは水にとけないことがわかる。
(4)　ものが水にとけた液のことを水よう液という。
(5)　水よう液は，液がすき通って見える。また，水よう液は，液に色がついているものもある。

❷ (1)　食塩をとかす前とあとで全体の重さが変わるかどうかを調べる実験をするのだから，㋐には，全体という言葉があてはまる。
(2)　食塩を水にとかす前の❶ではかった全体の重さは，100.0gである。したがって，食塩を水にとかしたあとの❸ではかった全体の重さは，❶と同じ100.0gである。

❸ (1)　コーヒーシュガー，砂糖は水にとけるが，かたくり粉は水にとけない。
(2)　水の重さ＋食塩の重さ＝全体の重さ　になるので，全体の重さは，200g＋10g＝210g
(3)　水にとけた食塩は見えなくなるが，なくなったわけではない。
(4)　水にとかしたものは見えなくなったが，なくなったわけではない。そのため，水よう液の重さは，水の重さととかしたものの重さを合わせた重さになる。
(5)　ものが水にとけると，水にとけたものは水の中で均一に広がる。したがって，㋐のつぶ●を均一に㋑の図にかく。㋐のつぶ●は7個あるので，同じ数の7個の●を，㋑の図にもかく。

17 ものが水にとける量

標準レベル+ 80〜81ページ

1 (1)(はい)
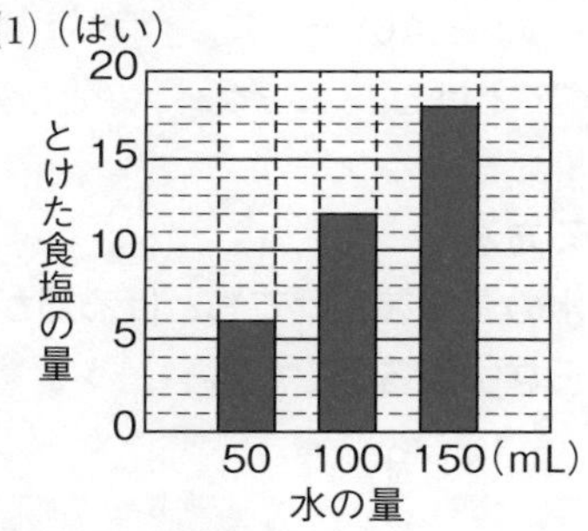

(2)増える。

2 (1)増える。
(2)水の温度を上げると，水にとけるミョウバンの量は増えること。

考え方

1 (1)　表より，水の量が50mLのときはとけた食塩の量は6はい，水の量が100mLのときはとけた食塩の量は12はい，水の量が150mLのときはとけた食塩の量は18はいである。グラフには，それぞれのところまでぼうをかいて，ぼうグラフに表す。
(2)　(1)でかいたぼうグラフからわかるように，水の量が2倍，3倍となると，とける食塩の量も2倍，3倍と増える。

2 (1)　水の温度が60℃のときはとけたミョウバ

ンの量が11はい，水の温度が20℃のときはとけたミョウバンの量が2はいである。したがって，水の温度を20℃から60℃にすると，とけるミョウバンの量が増える。

(2)　水の温度が20℃のときはとけたミョウバンの量が2はい，水の温度が40℃のときはとけたミョウバンの量が4はい，水の温度が60℃のときはとけたミョウバンの量が11はいである。したがって，水の温度を上げると，とけるミョウバンの量が増えることがわかる。

ハイレベル＋＋　82～83ページ

❶ (1)量　(2)すり切り1ぱい

(3)量

(4)水よう液を入れたビーカーを湯につける。(実験用ガスコンロであたためる。)

(5)表にする。ぼうグラフにする。図で表す。など

❷ (1)いえる。　(2)3ばい

❸ (1)食塩…すべてとける。　ミョウバン…とけ残る。

(2)食塩…ウ　ミョウバン…イ

(3)水を加える方法

(4)食塩は，水の温度を上げてもとける量がほとんど変わらないから。

(5)3.1g　(6)13.7g

考え方

❶ (1)　水の量を増やして，食塩とミョウバンのとける量を調べる実験である。したがって，変える条件は水の量，変えない条件は水の温度である。

(2)　食塩やミョウバンの量は，計量スプーンにすり切り1ぱいずつはかりとり，水に入れてかき混ぜる。

(3)　水の温度を上げて，食塩とミョウバンの水にとける量を調べる実験である。したがって，変える条件は水の温度，変えない条件は水の量である。

(4)　水の温度が下がらないようにするには，発ぽうポリスチレンの入れ物の中に湯を入れ，その湯の中に液の入ったビーカーを入れる。または，湯のかわりに，実験用ガスコンロで，液の入ったビーカーをあたためてもよい。

(5)　実験の結果は，表やぼうグラフに整理するとわかりやすい。また，図で表してもよい。

❷ (1)　表より，50mLの水にとけたホウ酸の量は1ぱいであり，それ以上はとけない。したがって，50mLの水にとけるホウ酸の量には限りがあるといえる。

(2)　表より，ホウ酸は，20℃の水50mLには1ぱい，水200mLには4はいとけることから，水の量が4倍になると，とけるホウ酸の量は4倍になることがわかる。したがって，水150mLは水の量が50mLの3倍だから，とけるホウ酸の量も3倍になる。

❸ (1)　20℃の水50mLにとかすことができる食塩は17.9g，ミョウバンは5.7gである。したがって，食塩15.0gはすべてとけ，ミョウバン15.0gはとけ残る。

(2)　食塩は水50mLに，40℃で18.2g，60℃で18.5gとかすことができる。したがって，食塩25.0gは60℃でもとけ残る。ミョウバンは水50mLに，40℃で11.9g，60℃で28.7gとかすことができる。したがって，ミョウバン25.0gは，40℃と60℃の間ですべてとける。

(3)(4)　水50mLの温度を上げても，食塩はとける量がほとんど変わらない。そのため，食塩のとけ残りをとかすには，水を加えて水の量を増やす。

(5)　40℃の水50mLにとかすことができるミョウバンの量は11.9gである。したがって，15.0gのミョウバンを加えると，とけ残りが出る。とけ残りの量は，15.0g－11.9g＝3.1g

(6)　60℃の水50mLにとかすことができるミョウバンの量は28.7gである。したがって，15.0g加えた後にとかすことができるミョウバンの量は，28.7g－15.0g＝13.7g

18 水にとけたもののとり出し方

標準レベル＋　84～85ページ

1 (1)ろ過

(2)㋐ろ紙　㋑ろうと　㋒ろうと台

(3)名前…ガラスぼう

使い方…液は，ガラスぼうを伝わらせて，少

しずつ入れる。

2 (1)イ

(2)液をじょう発皿に入れて，水をじょう発させる。(スライドガラスに液を1てきとり，ドライヤーで水をじょう発させる。)

考え方

1 (1) 液の中にとけ切れないつぶが残っていて，液とつぶを分けたいときは，ろ過によって液とつぶを分けることができる。液にとけているものは，ビーカーの中へ入り，とけていないものはろ紙の上に残る。

(2) ろ紙(㋐)は水でぬらし，ろうと(㋑)にぴったりつける。ろうとの先の長いほうをビーカーのかべにつけ，液がはねないようにする。

(3) 液は，ガラスぼうを伝わらせて少しずつ入れる。

2 (1) 食塩は，温度によってとける量がほとんど変わらないので，冷やしてもほとんど出てこない。

(2) 食塩をとり出すには，食塩をとかしている水の量を減らすのがよい。

ハイレベル++ 86～87ページ

1 (1)(下線部)①

(2)じょう発皿を上からのぞきこまない。

(3)(ビーカー)㋐

(4)食塩の水よう液を冷やしても，とけている食塩をとり出すことはできないから。

2 (1)ミョウバン(の水よう液)

(2)食塩よりもミョウバンのほうが，水の温度によるとける量の変化が大きいから。

(3)水をじょう発させる。

(4)食塩…1.2g　ミョウバン…46.0g

考え方

1 (1)(2) 保護眼鏡をかけていても，加熱中はじょう発皿を上からのぞきこんではいけない。出てきたつぶが飛びはねることがある。実験用ガスコンロは弱火で加熱し，液が少し残っているうちに火を止めて，余熱でじょう発させる。

(3)(4) 40℃の水にできるだけとかした水よう液を20℃に冷やしたとき，食塩はほとんど出てこないが，ミョウバンは出てくる。氷水に入れて冷やした場合も同じである。食塩は，水の温度によってとける量にほとんど差がないため，冷やしてもほとんどとり出すことができない。ところが，ミョウバンは，水の温度によってとける量に差があるため，冷やしてとり出すことができる。

2 (1) 60℃のときにとける量と20℃のときにとける量の差が大きいのはミョウバンである。つまり，60℃から20℃に温度を下げたときに出てくるつぶの量が多いのはミョウバンである。

(2) 水の温度によるとける量の変化が，食塩は，60℃で37.0g，40℃で36.4g，20℃で35.8gと，ほとんど変化がない。ところが，ミョウバンは，60℃で57.4g，40℃で23.8g，20℃で11.4gと，変化が大きい。

(3) 60℃から20℃まで冷やしたとき，出てきたつぶの量が少なかったのは，とける量が60℃と20℃で，差がなかったからである。このような水よう液からとけているものをとり出すには，水をじょう発させるとよい。

(4) 60℃の水100mLに，食塩は37.0gとけ，ミョウバンは57.4gとける。20℃の水100mLには，食塩は35.8gとけ，ミョウバンは11.4gとける。そのため，60℃から20℃まで冷やしたときに，出てくる食塩は，37.0g－35.8g＝1.2g
出てくるミョウバンは，57.4g－11.4g＝46.0g

チャレンジテスト+++ 88～89ページ

1 (1)ミョウバン

(2)ミョウバンの水にとける量は，グラフより，20℃で約10gなので，20gとかした水よう液では，約10gのつぶが出てくるから。

(3)イ

(4)ミョウバンをあたためた水にできるだけとかしてから，ゆっくり冷やす。

(5)ウ

2 (1)4.5g　(2)26.6g　(3)20.0g

(4)A　(5)オ

考え方

1 (1)(2)　水100mLにとけるものの量は，水の温度が20℃のとき，ミョウバンは約10g，食塩は約38gである。ミョウバンと食塩を20gずつ加えているため，20℃に下げたときにつぶが見られるのは，ミョウバンである。食塩は，20℃では38gまでとけるので，20gすべてがとける。

(3)　20℃のとき，ミョウバンは約10gとける。ミョウバンを20g加えているため，20℃に下げたときに出てくるミョウバンのつぶの量は，
20g−10g＝10g

(4)　できるだけ多くのミョウバンをとかした水よう液をつくり，ゆっくり冷やすと，大きなミョウバンのつぶができる。

(5)　とけ切れなかったつぶをろ紙でこしてとり出すことをろ過という。ろ過は，固体と液体を分けるときに使われる。ろ過するときは，液をガラスぼうに伝わらせて，少しずつ入れる。そのとき，ろうとの先の長いほうをビーカーのかべにつけ，液がはねないようにする。㋐は，ガラスぼうを使っていないことと，ろうとの先の長いほうをビーカーのかべにつけていないことから，まちがいである。㋑は，ガラスぼうの先をろ紙にあてていないので，まちがいである。ガラスぼうの先は，ろ紙にあてるようにする。㋒は，ガラスぼうを伝わらせて液を入れており，ガラスぼうの先をろ紙にあてている。また，ろうとの先の長いほうがビーカーのかべについているため，正しい。㋓は，ガラスぼうの先をろ紙にあてていないことと，ろうとの先の長いほうがビーカーのかべについていないことから，まちがいである。

2 (1)　グラフや表は，100mLの水にとける量を示しているので，50mLの水にとける量は，グラフや表の値を2で割る必要がある。したがって，40℃の水50mLにとけるホウ酸の量は，
8.9g÷2＝4.45g　小数第2位を四捨五入して，4.5g。

(2)　表より，食塩は40℃の水100mLに36.3gとける。つまり，水に食塩をとかした水よう液136.3gに食塩は36.3gとけている。したがって，水よう液100gにとけている食塩は，
$36.3\times\frac{100}{136.3}=26.63\cdots$　小数第2位を四捨五入して，26.6g。

(3)　60℃の水100mLにとけるホウ酸の最大量は14.9g，20℃の水100mLにとけるホウ酸の最大量は4.9gである。60℃から20℃まで冷やしたときに出てくるホウ酸の量は，14.9g−4.9g＝10.0g　これを，水200mLにすると，
10.0g×2＝20.0g

(4)　10℃の水100mLにとける量は，ホウ酸は約4g，食塩は約36gである。したがって，10℃に冷やしたとき，つぶが出てくるビーカーは，ホウ酸を多く入れたほうである。つまり，Aのビーカーにつぶが出てくる。

(5)　ろ過してとり出したつぶは，とけ残ったものである。10℃近くまで冷やしてとけ残るのはホウ酸であり，食塩はとけ残らずにすべてとけている。したがって，ろ過してとり出したつぶは，とけ残ったホウ酸のつぶである。

8章 ふりこ

19 ふりこのきまり

標準レベル＋　90～91ページ

1 (1)支点　(2)㋒
(3)イ，エ

2 (1)① 1.00　② 1.52　③ 1.81
(2)㋐ 1.0　㋑ 1.5　㋒ 1.8
(3)長くなる。
(4)ふりこの長さを短くする。

考え方

1 (1)　ぼうやひもなどにおもりをつけて，左右にふれるようにしたものをふりこといい，ふりこが固定されている部分を支点という。
(2)　ふりこの長さは，糸をつるしている支点から，おもりの中心までの長さである。
(3)　ふりこを利用しているものには，支点を中心にして左右にふれる，ブランコやメトロノームやふりこ時計などがある。

2 (1)①　表より，ふりこの長さ25cmのとき，2回目の10往復する時間は10.0秒だから，1往復する時間は，10.0÷10＝1.00(秒)。
②　表より，ふりこの長さ50cmのとき，1回目の10往復する時間は15.2秒だから，1往復する時間は，15.2÷10＝1.52(秒)。
③　表より，ふりこの長さ75cmのとき，3回目の10往復する時間は18.1秒だから，1往復する時間は，18.1÷10＝1.81(秒)。
(2)　(1回目＋2回目＋3回目)÷3＝ふりこの1往復する時間の平均　で求める。
㋐は，(1.02＋1.00＋1.01)÷3＝1.01(秒)
小数第2位を四捨五入して，1.0秒。
㋑は，(1.52＋1.53＋1.48)÷3＝1.51(秒)
小数第2位を四捨五入して，1.5秒。
㋒は，(1.78＋1.81＋1.81)÷3＝1.80(秒)
小数第2位を四捨五入して，1.8秒。
(3)　(2)より，1往復する時間は，ふりこの長さが25cmでは1.0秒，ふりこの長さが50cmでは1.5秒，ふりこの長さが75cmでは1.8秒と変化している。このように，ふりこの長さが長くなるほど，1往復する時間は長くなる。
(4)　ふりこの長さが長くなるほど1往復する時間は長くなるため，1往復する時間を短くするには，ふりこの長さを短くすればよい。

ハイレベル＋＋　92～93ページ

❶ (1)ふりこの長さ
(2)おもりの重さ，ふれはば
(3)はかり方で出るわずかなちがいを小さくするため。
(4)① 14.0　② 1.4　③ 20.0　④ 2.0
(5)ふりこの長さを長くすると，ふりこが1往復する時間は長くなる。

❷ (1)4回目　(2)イ　(3)15.6秒　(4)1.6秒

❸ (1)A…20.0秒　B…10.0秒
(2)A…2.0秒　B…1.0秒
(3)2

考え方

❶ (1)(2)　調べる条件だけを変え，それ以外の条件は変えない。
(3)　はかり方によって，わずかなちがいが出るため，平均を求めることによって，そのちがいを小さくすることができる。
(4)①　1回目，2回目，3回目の平均を求める。
(14.2＋13.9＋14.0)÷3＝14.03…(秒)　小数第2位を四捨五入して，1回あたりは14.0秒。
②　1往復する時間は，14.0÷10＝1.4(秒)。
③　(20.1＋20.0＋19.9)÷3＝20.0(秒)
1回あたりは20.0秒。
④　1往復する時間は，20.0÷10＝2.0(秒)。
(5)　1往復する時間は，ふりこの長さが50cmのときは1.4秒，ふりこの長さが100cmのときは2.0秒である。したがって，ふりこの長さを長くすると，1往復する時間は長くなる。

❷ (1)　実験をすると，実験結果の数字に少しのずれが出てくるため，何回か実験をして平均を求める。しかし，数字を見て，明らかに少なかったり，多かったりするのは，測定の方法などにミスがあったと考えてよい。この場合も，4回目は1秒以上の差があるので，明らかに測定にミスが

あったと考えられる。

(2)　4回目は17.5秒で，ほかの結果より大きい数字になっている。したがって，ふりこの長さが長くなったと考えられる。**ア**～**エ**のうち，ふりこの長さが長くなったのは**イ**である。

(3)　4回目をのぞいて，ほかの4回の平均を求める。(15.5＋15.4＋15.8＋15.7)÷4＝15.6(秒)

(4)　1往復にかかる時間は，(3)の結果を10で割る。15.6÷10＝1.56(秒)　小数第2位を四捨五入して，1.6秒。

3 (1)　A，Bそれぞれの10往復にかかる時間の平均を求める。Aは，(20.2＋19.6＋19.9＋20.4＋19.8＋20.1＋20.0)÷7＝20.0(秒)
Bは，(10.3＋10.2＋9.8＋10.0＋9.7＋9.9＋10.1)÷7＝10.0(秒)

(2)　1往復にかかる時間は，10往復にかかる時間を10で割ればよい。Aは，20.0÷10＝2.0(秒)
Bは，10.0÷10＝1.0(秒)

(3)　ふりこの長さが長いほど，1往復にかかる時間は長くなる。したがって，ふりこの長さが，Aは1m，Bは25cmであると考えられる。(2)より，1往復にかかる時間は，Aが2.0秒，Bが1.0秒である。そのため，ふりこの長さが4倍になったとき，1往復にかかる時間は2倍になる。

20 ふりこの1往復する時間

標準レベル＋　94～95ページ

1 (1)①**ふれはば**　②**ウ**
(2)①**おもりの重さ**　②**ウ**
(3)ふれはば…**変わらない。**
おもりの重さ…**変わらない。**

考え方

1 (1)①　㋐と㋑では，ふれはばだけがちがうので，ふりこの1往復する時間とふれはばの関係を調べることができる。
②　ふりこの1往復する時間は，ふりこの長さによってのみ変わるので，㋐と㋑は同じ時間になる。
(2)①　㋒と㋓では，ふれはばとふりこの長さが同じである。
②　ふりこの1往復する時間は，ふれはばやおもりの重さには関係がなく，ふりこの長さによってのみ変わるので，㋒と㋓は同じ時間になる。
(3)　ふりこの1往復する時間は，ふりこの長さによってのみ変わる。

ハイレベル＋＋　96～97ページ

1 (1)**おもりの重さ**
(2)**厚紙にかかれた線とずれてしまうから。**
(ふれはばを正しくはかれないから。)
(3)

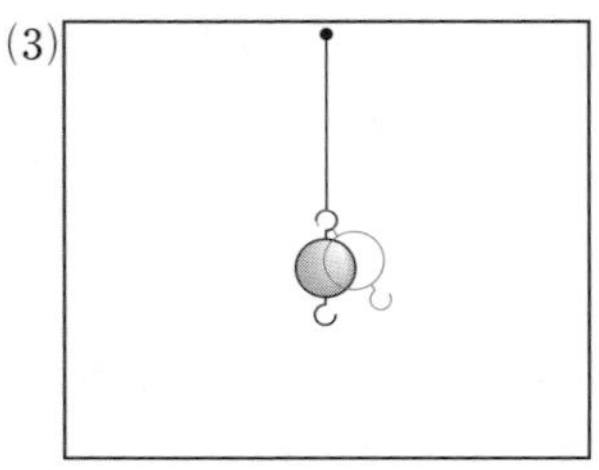

(4)**ア，ウ，エ**

2 (1)**㋐と㋒**　(2)**㋐と㋑**
(3)**変わらない。**

考え方

1 (1)　ふりこの1往復する時間とふれはばの関係を調べるときは，変える条件は「ふれはば」で，ほかの条件は変えない。
(2)　ふれはばをはかるときは，ふりこを正面から見て，糸が，厚紙にかかれたふれはばの線とぴったり重なるようにする。
(3)　2個目のおもりを1個目のおもりの下に続けてつなぐと，ふりこの長さが変わってしまう。そのため，複数のおもりをつるすときは，すべてのおもりを糸にかけるようにする。
(4)　ふりこの動きは速いため，1往復する時間をはかることはむずかしい。

2 (1)　ふれはばとふりこの1往復する時間の関係を調べるとき，変える条件は「ふれはば」で，変えない条件は「おもりの重さ」と「ふりこの長さ」である。
(2)　おもりの重さとふりこの1往復する時間の関係を調べるとき，変える条件は「おもりの重さ」で，変えない条件は「ふれはば」と「ふりこの長さ」である。

(3)　結果の表より，ふりこの1往復する時間の平均は，㋐，㋑，㋒とも1.40秒である。したがって，ふりこの1往復する時間は，ふれはばやおもりの重さによって変わらないことがわかる。

チャレンジテスト+++　98～99ページ

1 (1)㋑　(2)1.4秒

(3)ふりこの長さが長いほど，10往復する時間が長くなること。

(4)おもりの重さ

(5)ふれはばとふりこの長さが同じで，おもりの重さだけがちがう2つの実験を行っていないから。

2 (1)1.0m　(2)9.0m

(3)①2.0　②4.0　(4)3m

考え方

1 (1)　ふりこの長さは，ふりこの支点からおもりの中心までの長さである。

(2)　表より，㋐のふりこが10往復するのにかかった時間の平均は14.1秒である。10往復するのにかかった時間を10で割れば，1往復する時間を求めることができる。したがって，㋐のふりこが1往復する時間は，14.1÷10＝1.41(秒)小数第2位を四捨五入して1.4秒。

(3)　㋒と㋓は，「ふれはば」と「おもりの重さ」が同じで，「ふりこの長さ」だけがちがう。そして，ふりこの長さの長い㋓のほうが，10往復するのにかかった時間の平均が長い。つまり，ふりこの長さが長いほど，10往復する時間が長くなる。

(4)(5)　「ふれはば」と1往復する時間との関係は，ふれはばだけがちがう，㋑と㋓で調べることができる。「ふりこの長さ」と1往復する時間との関係は，ふりこの長さだけがちがう，㋒と㋓で調べることができる。「おもりの重さ」と1往復する時間との関係は，おもりの重さだけがちがう2つの実験で調べることができるのだが，そのような実験が2つない。そのため，「おもりの重さ」と1往復する時間との関係については調べることができない。

2 (1)　おもりがAからB，BからCへ動く時間は同じであることがわかっている。したがって，おもりがAからBまで動く時間が0.5秒だから，BからCへ動く時間も0.5秒である。つまり，おもりが1往復するA→B→C→B→Aの時間は，0.5×4＝2.0(秒)である。図2のグラフから，1往復する時間が2.0秒のときのひもの長さは1.0mである。

(2)　10往復すると1分間ということは，1分間＝60秒なので，1往復する時間は，60÷10＝6(秒)。(1)より，ひもの長さが1.0mのとき，1往復する時間は2.0秒。また，グラフより，ひもの長さが4.0mのとき，1往復する時間は4.0秒である。したがって，1往復する時間が2倍になるとき，ひもの長さは2×2倍になる。よって，1往復する時間が2秒から6秒へ3倍になるとき，ひもの長さは1.0mの3×3倍の9.0mになると考えられる。

(3)　ふれはばやおもりの重さは，1往復する時間に関係がないので，ひもの長さだけで考える。アでは，ひもの長さが1mなので，グラフより，1往復する時間は2.0秒である。イでは，ひもの長さが4mなので，グラフより，1往復する時間は4.0秒である。

(4)　ひもの長さが4mのときの1往復する時間は，グラフより，4.0秒である。つまり，図1で4mのふりこがA→B，B→C，C→B，B→Aへ動く時間は4.0秒だから，A→Bへ動く時間は，4.0÷4＝1.0(秒)である。

したがって，図3のふりこで考えると，図3のふりこのA→B→Cへ動く時間は1.5秒ということがわかっているので，B→Cへ動く時間は，1.5－1.0＝0.5(秒)ということになる。くぎを支点としてふれるふりこの1往復の時間は，0.5×4＝2.0(秒)である。1往復する時間が2.0秒のふりこのひもの長さは，グラフより，1.0mである。したがって，ひもの長さは4mだから，天じょうからくぎまでの長さは，4－1＝3(m)である。

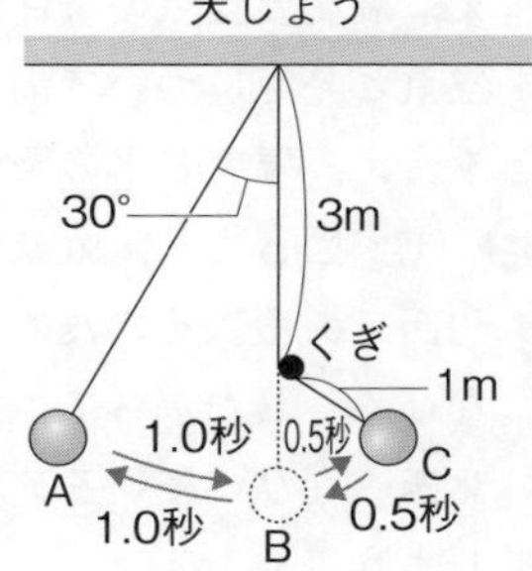

思考力育成問題 100〜103ページ

1 (1)発芽の条件がそろっていても，発芽しない種子があるから。

(2)調べようとしている条件以外の条件が同じになっていないから。

2 (1)エ

(2)

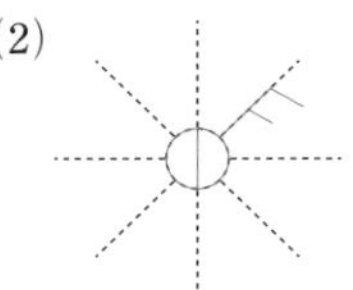

3 (1)調べる条件以外は同じにする必要があるから。

(2)電流を流したままにすると，コイルが熱くなるから。

(3)イ

4 (1)ミョウバン…23.0g　食塩…0.6g

(2)食塩は，水の温度が下がっても，とける量がほとんど変わらないから。

考え方

1 (1)　発芽するための条件がそろっていても，すべての種子が発芽するわけではないので，複数の種子をまいて調べるようにする。

(2)　１つの条件について調べるときは，調べようとしている条件だけを変え，それ以外の条件はそろえるようにする。正さんが書いた表は，３つの条件を変えている。

温度と発芽について調べるには，温度の条件だけを変え，水と空気の条件はそろえるようにする。

水と発芽について調べるには，水の条件だけを変え，温度と空気の条件はそろえるようにする。

空気と発芽について調べるには，空気の条件だけを変え，温度と水の条件はそろえるようにする。

2 (1)　図３より，気象観測１日目の６時の風向は北西である。そのため，テープは北西から南東へなびく。したがって，正解はエである。南東から北西へなびいているアとまちがえやすいので注意しよう。

(2)　図３より，気象観測２日目の６時の風向は北東，風力は２である。また，雲の量が８であることから天気は晴れである。雲の量が0〜8のときは晴れ，雲の量が9〜10のときはくもりであることを覚えておこう。天気図記号は，風のふいてくる方向に風力２の記号をかき，中央の円の中に晴れの天気記号をかく。

3 (1)　調べたいのは，かん電池の数のちがいと導線のまき数のちがいである。それ以外の条件を同じにする必要がある。したがって，かん電池の種類や導線の長さは同じにする。

(2)　電流を流したままにすると，コイルが熱くなるため，スイッチを入れるのは調べるときだけにする。

(3)　図２のかん電池のつなぎ方は，かん電池２個のへい列つなぎである。かん電池２個のへい列つなぎでは，回路に流れる電流の大きさがかん電池１個のときと変わらない。したがって，図２の装置によってつく鉄のゼムクリップの数は，かん電池１個で200回まきのときと同じになる。そのため，約42個である。

4 (1)　60℃の水100gにとける量と20℃の水100gにとける量の差が，あらわれた量である。この実験では水50mLを用いているので，水１mLの重さは１gであることより，水100gで求めた値を水50gに計算し直すことが必要である。したがって，ミョウバンは，57.4－11.4＝46.0(g)

水50gの場合は，46.0÷2＝23.0(g)である。

また，食塩は，39.0－37.8＝1.2(g)

水50gの場合は，1.2÷2＝0.6(g)である。

(2)　【100gの水にとけるミョウバンや食塩の量と水の温度との関係】を表した表からわかるように，食塩は，水の温度が下がっても，とける量がほとんど変わらない。そのため，60℃から20℃に水の温度を下げても，出てくるつぶの量は，ミョウバンに比べて食塩はとても少ない。(1)の解答でも，ミョウバンは23.0gであるのに比べて，食塩は0.6gである。食塩水から食塩のつぶをとり出すには，温度を下げるのではなく，水をじょう発させる方法がとられている。

しあげのテスト(1)　巻末折り込み

1 (1)(い)　(2)子葉　(3)ヨウ素液
(4)㋑ア　(あ)の半分…イ

2 (1)(あ)せびれ　(い)おびれ　(う)しりびれ
(2)㋑　(3)ウ

3 (1)㋐　(2)㋓　(3)㋒　(4)早くなる。
(5)速くなったから。

4 (1)電流が流れているとき。
(2)㋓　(3)㋐　(4)㋒　(5)㋑

5 (1)ウ　(2)㋒　(3)105g　(4)8g
(5)なくなっていない。

6 (1)ふれはば　(2)ふりこの長さ
(3)13.7秒　(4)1.4秒　(5)イ

考え方

1 (1)　㋐の部分は，発芽後，根・くき・葉になる。
(2)　㋑の部分は子葉といい，発芽して成長するとともに，小さくしぼんでいく。
(3)　ヨウ素液は，でんぷんを青むらさき色に変える性質がある。
(4)　子葉にはでんぷんがふくまれ，発芽するときの養分として使われる。そのため，発芽前の子葉の㋑は，ヨウ素液によって青むらさき色に変化する。発芽後しばらくたった子葉の(あ)では，発芽するときにでんぷんが使われたため，でんぷんが少なくなっている。

2 (1)(2)　メダカのおすは，せびれに切れこみがあり，しりびれが平行四辺形に近い形をしている。メダカのめすは，せびれに切れこみがなく，しりびれの後ろが短く，はらがふくれている。
(3)　メダカがたまごを産むようにするには，めすとおすの両方を入れるようにする。

3 (1)　土地のかたむきが大きいところでは，水の流れる速さは速い。
(2)　土地のかたむきが小さいところでは，土を積もらせるはたらきが大きい。
(3)　曲がって流れているところの外側は流れが速く，内側は流れがおそい。
(4)(5)　流れる水の量が多くなると，水の流れる速さが速くなる。

4 (1)　電磁石は，電流が流れているときだけ磁石の性質をもつ。
(2)　電磁石が強くなるのは，流れる電流を大きくしたときと，コイルのまき数を多くしたときである。したがって，もっとも強い電磁石は，かん電池2個が直列つなぎで，100回まきの㋓である。
(3)　もっとも弱い電磁石は，かん電池が1個で，50回まきの㋐である。
(4)　電流の大きさと電磁石の強さの関係を調べるときは，電流の大きさ以外の条件を同じにする必要がある。したがって，コイルのまき数が同じで電流の大きさがちがうのは，50回まきどうしの㋐と㋒，100回まきどうしの㋑と㋓である。
(5)　コイルのまき数と電磁石の強さの関係を調べるときは，コイルのまき数以外の条件を同じにする必要がある。したがって，電流の大きさが同じでまき数がちがうのは，かん電池1個どうしの㋐と㋑，かん電池2個どうしの㋒と㋓である。

5 (1)　ものが水にとけた液のことを水よう液という。色がついていても，すき通って見えれば，水よう液である。
(2)　かたくり粉を水に入れてかき混ぜると，白くにごりすき通って見えないため，水よう液ではない。
(3)　ものは水にとけても重さは変わらない。そのため，食塩を水にとかしても全体の重さは変わらない。したがって，100gの水に5gの食塩がとけた水よう液の重さは，100＋5＝105(g)
(4)　水よう液が58gで水が50gなので，とけている食塩は，58－50＝8(g)
(5)　食塩は，水にとけて見えなくなっているが，なくなったわけではない。

6 (1)　ふりこのふれるはばを，ふれはばという。
(2)　ふりこの長さは，支点からおもりの中心までの長さである。
(3)　(13.8＋13.9＋13.5)÷3＝13.73…
小数第2位を四捨五入して，13.7秒。
(4)　13.7÷10＝1.37
小数第2位を四捨五入して，1.4秒。
(5)　1往復する時間をはかるのはむずかしいので，10往復する時間を3回はかり，平均を計算する。

しあげのテスト(2)　巻末折り込み

1 (1)雲　(2)イ　(3)㋐　(4)㋑

(5)西から東

2 (1)子宮　(2)㋐たいばん　㋑へそのお

(3)ウ　(4)ウ

3 (1)めばな

(2)自然に受粉することを防ぐため。

(めしべに花粉がつくことを防ぐなど，受粉を防ぐ内容ならば正解。)

(3)受粉してから，花粉やほかのものがつくことを防ぐため。

(㋐と同じ条件にするため。)

(4)①受粉　②種子

4 (1)㋐接眼レンズ　㋑対物レンズ　㋒反射鏡

(2)イ　(3)400倍

5 (1)ミョウバン　(2)ミョウバン

(3)ミョウバンは，水の温度を下げると，とけた量が減るから。

(4)ろ過

6 (1)ウ

(2)(余った導線は)切らずにまとめておく。

(3)①㋓　②㋐

考え方

1 (1)(2)　雲画像では，雲は白く見える。

(3)　日本付近の雲は西から東へ動くため，㋐で日本付近をおおっていた雲が東へ動き，㋑のようになったと考えられる。

(4)　東京付近に雲がないのは㋑である。

(5)　日本付近の雲は西から東へ動く。そのため，天気も西から東へ変わっていく。

2 (1)　ヒトの子どもは，母親の子宮の中である程度育ってから，生まれてくる。

(2)　㋐のたいばんは，母親から運ばれてきた養分と子どもから運ばれてきたいらなくなったものを交かんしている。㋑のへそのおは，たいばんとつながり，母親からの養分をとり入れ，いらなくなったものを母親へわたしている。

(3)　㋒の羊水は，外部からのしょうげきから子どもを守っている。

(4)　ヒトの子どもは受精してから約38週で生まれ出てくる。

3 (1)　実ができるかどうかを調べるため，めしべのあるめばなを使う。

(2)　自然に花粉がつかないようにするため，ふくろをかぶせる。

(3)　受粉させた後もふくろをかぶせておかないと，受粉によって実ができたのかどうかがわからなくなる。

(4)　受粉しなかった㋐には実ができず，受粉した㋑には実ができたことから，実ができるためには受粉が必要であることがわかる。実の中には種子ができ，やがてその種子が発芽し，生命がつながっていく。

4 (1)　けんび鏡のレンズには，接眼レンズと対物レンズの２種類がある。

(2)　けんび鏡を日光が直接当たるところに置いて使うと，目を痛めてしまう。

(3)　倍率＝接眼レンズの倍率×対物レンズの倍率　したがって，10×40＝400(倍)

5 (1)　20℃のぼうグラフを見ると，食塩は6はいまで，ミョウバンは2はいまでとける。

(2)(3)　食塩は，60℃のときも20℃のときも6はいまでとけ，とける量があまり変わらないため，ほとんど出てこない。ミョウバンは，60℃のときに11はいまでとけていたものが，20℃のときには2はいまでしかとけない。そのため，とけきれなくなったミョウバンが出てくる。

(4)　ろ紙でこすと，固体と液体を分けることができる。このような方法をろ過という。

6 (1)　㋐と㋑では，電流の大きさが同じだが，コイルのまき数がちがうほかに，導線全体の長さもちがう。

(2)　電磁石の強さを比べるためには，導線全体の長さは同じにする。

(3)　電磁石は，電流を大きくすると強くなる。また，電磁石は，コイルのまき数を多くすると強くなる。したがって，電磁石がもっとも強いのは，流れる電流がもっとも大きく，コイルのまき数がもっとも多い㋓である。また，電磁石がもっとも弱いのは，流れる電流がもっとも小さく，コイルのまき数がもっとも少ない㋐である。

2 1 0 9 8 7 6 5 4
＊ ＊ D C B A